2024

Hauptschulabschluss

Original-Prüfungsaufgaben und Training

W0369122

Baden-Württemberg

Mathematik

LÖSUNGEN

STARK

© 2023 Stark Verlag GmbH
17. ergänzte Auflage
www.stark-verlag.de

Das Werk und alle seine Bestandteile sind urheberrechtlich geschützt. Jede vollständige oder teilweise Vervielfältigung, Verbreitung und Veröffentlichung bedarf der ausdrücklichen Genehmigung des Verlages. Dies gilt insbesondere für Vervielfältigungen, Mikroverfilmungen sowie die Speicherung und Verarbeitung in elektronischen Systemen.

Inhalt

Fortsetzung nächste Seite

Sobald die Original-Prüfungsaufgaben 2023 freigegeben sind, können die dazugehörigen Lösungen als PDF auf der Plattform MyStark heruntergeladen werden (Zugangscode vgl. Umschlaginnenseite).

Autorin und Autor:
Katharina Bühler (Training, Aufgaben im Stil, Abschlussprüfungen ab 2020)
Walter Schmid (Training, Abschlussprüfungen bis 2019)

Vorwort

Liebe Schülerin, lieber Schüler,

dieses Buch ist das Lösungsbuch zu dem Band *Original-Prüfungsaufgaben und Training Mathematik Hauptschulabschluss* (Titel-Nummer D08309).

Anhand der ausführlichen Lösungen kannst du überprüfen, ob du die Aufgaben im Trainingsteil, die Übungsaufgaben im Stil der Abschlussprüfung sowie die Original-Prüfungsaufgaben richtig gelöst hast.

Versuche stets, jede Aufgabe zunächst **selbstständig** und **schriftlich** zu lösen, und sieh nicht gleich in der Lösung nach.
Solltest du jedoch allein nicht weiterkommen, kann ein Blick in die Lösung hilfreich sein, da dort wichtige **Hinweise und Tipps** zur Bearbeitung der Aufgaben gegeben werden. Du erkennst sie an der Markierung am Rand. Versuche dann, mit diesen Denkanstößen eigenständig weiterzurechnen.
Vergleiche aber zum Schluss deine Ergebnisse auf jeden Fall mit der Lösung im Buch und suche gegebenenfalls nach Rechenfehlern und Verbesserungsmöglichkeiten deines Ansatzes. Oft sind **mehrere Lösungswege** angegeben, die alle zum richtigen Ergebnis führen.

Arbeitest du alle Aufgaben auf diese Weise Schritt für Schritt durch, bist du bestens auf die Prüfung vorbereitet!

Viel Erfolg in der Prüfung!

Training Grundwissen – Mathematik
Lösungen

1. a) $7+12=19$

b) $85-40=45$

c) $8\cdot 12=96$

d) $121:11=11$

e) $25+x=70 \quad\rightarrow\quad x=70-25=45$

f) $65-13=52$

g) $x\cdot 6=90 \quad\rightarrow\quad x=90:6=15$

h) $15\cdot x=225 \quad\rightarrow\quad x=225:15=15$

i) $x:9=12 \quad\rightarrow\quad x=12\cdot 9=108$

j) $(10+15)\cdot 20=25\cdot 20=500$

k) $(72-18):9=54:9=6$

l) $7\cdot 11+8=77+8=85$

m) $81:9-9=9-9=0$

2. a)

	+4		·2		+4		·2		+4		·2		+4		·2	
4		8		16		20		40		44		88		92		184

b)

	+2		−1		+2		−1		+2		−1		+2		−1	
5		7		6		8		7		9		8		10		9

c)

0	1	1	2	3	5	8	13	21

Die beiden vorherigen Zahlen werden addiert:
$0+1=1;\ 1+1=2;\ 1+2=3\ldots$
Diese Reihe wird auch Fibonacci-Reihe genannt.

3. a) $4\cdot(3+5)=4\cdot 8=32$

b) $(2{,}5-0{,}5)\cdot 14=2\cdot 14=28$

c) $18:(29-23)=18:6=3$

d) $2+3\cdot 14+8+22\cdot 5=2+42+8+110=162$

e) $(53+28):9-5=81:9-5=9-5=4$

f) $41+(2+11)\cdot 2=41+13\cdot 2=41+26=67$

4.

a) Zehner	110	220	500
b) Hunderter	5 700	700	9 000
c) Tausender	2 000	7 000	99 600 000
d) Millionen	2 000 000	17 000 000	0
e) Zehntel	173,4	43,2	53,0
f) Hundertstel	13,41	10,00	21,13

5. a) 650

649 würde man auf 600 abrunden.

b) 34 999

35 000 würde man auf 40 000 aufrunden.

6. a) $300+10=310$ oder $320+10=330$

b) $500+600=1\,100$

c) $5\,000+6\,000+8\,000=19\,000$

d) $300-100=200$

e) $700-300=400$

f) $6\,000-2\,000=4\,000$

7. Beim Überschlagen kann man auch von den Rundungsregeln abweichen, um z. B. die Rechnung zu vereinfachen.

a) $50\cdot 20=1\,000$

b) $1\,000\cdot 40=40\,000$

c) $1\,000\cdot 80=80\,000$

d) $200\cdot 6\,000=1\,200\,000$

e) $10\cdot 30\cdot 20=6\,000$

f) $10\cdot 70\cdot 10=7\,000$

8. Überschlage so, dass du gut rechnen kannst.

a) $700:7=100$

b) $1\,800:9=200$

c) $3\,000 : 30 = 100$

d) $70\,000 : 70 = 1\,000$

9. $2{,}10\ € + 2 \cdot 1{,}19\ € + 5 \cdot 0{,}85\ € + 3 \cdot 2{,}49\ € \approx 2\ € + 2\ € + 5\ € + 6\ € = 15\ €$
Das Geld reicht noch für ein Eis.

10. a) $4{,}028 + 1{,}100 + 2{,}300 + 4{,}680 = 12{,}108$

b) $81{,}300 - 44{,}166 - 47{,}140 = -10{,}006$

Vorsicht: In dieser Aufgabe ist die Summe der negativen Zahlen „größer" als die positive Zahl. Das Ergebnis ist also negativ!

c) Summe der positiven Zahlen: $5\,643{,}40 + 4\,571{,}60 + 378{,}98 = 10\,593{,}98$
Summe der negativen Zahlen: $3\,194{,}02 + 856{,}75 = 4\,050{,}77$
Ergebnis: $10\,593{,}98 - 4\,050{,}77 = 6\,543{,}21$

d) Summe der positiven Zahlen: $11\,408{,}29 + 352{,}40 + 2\,138{,}12 = 13\,898{,}81$
Summe der negativen Zahlen: $2\,823{,}01 + 75{,}80 = 2\,898{,}81$
Ergebnis: $13\,898{,}81 - 2\,898{,}81 = 11\,000$

11. Die maßgebliche Ziffernfolge der Produkte ist stets 4107. Es geht darum, das Komma an der richtigen Stelle zu platzieren.

a) $4{,}107 \cdot 10 = 41{,}07$ — Komma um 1 Stelle nach **rechts** verschieben.

b) $4{,}107 \cdot 100 = 410{,}7$ — Komma um 2 Stellen nach **rechts** verschieben.

c) $4{,}107 \cdot 1\,000 = 4\,107$ — Komma um 3 Stellen nach **rechts** verschieben.

d) $4{,}107 \cdot 0{,}1 = 0{,}4107$ — Komma um 1 Stelle nach **links** verschieben.

e) Das Komma wird um so viele Stellen nach links oder rechts verschoben, wie beim 2. Faktor Nullen vor oder hinter der 1 stehen.

12. a) $4{,}58 \cdot 100 = 458$

b) $27{,}004 \cdot 0{,}001 = 0{,}027004$

c) $0{,}4 \cdot 6 = 2{,}4$

d) $2{,}9 \cdot 9 = 26{,}1$

e) $31{,}2 \cdot 15 = 468{,}0 = 468$

f) $0{,}1 \cdot 0{,}1 = 0{,}01$

g) $2{,}7 \cdot 6{,}8 = 18{,}36$

h) $77{,}2 \cdot 2{,}4 = 185{,}28$

13. a) $0{,}125 \cdot 16{,}1 = 2{,}0125$

b) $0{,}0125 \cdot 1{,}61 = 0{,}020125$

c) $1{,}25 \cdot 1{,}61 = 2{,}0125$

d) $1{,}25 \cdot 16{,}1 = 20{,}125$

e) $1{,}25 \cdot 161 = 201{,}25$

f) $12{,}5 \cdot 16{,}1 = 201{,}25$

g) $125 \cdot 16{,}1 = 2\,012{,}5$

h) $125 \cdot 161 = 20\,125$

i) Die maßgebliche Ziffernfolge in den Aufgaben ist 20125 ($125 \cdot 161 = 20\,125$). Das Komma muss an die richtige Stelle gesetzt werden. Das Ergebnis hat so viele Kommastellen wie die Faktoren zusammen.

14. a) $2{,}144 : 10 = 0{,}2144$

b) $0{,}664 : 100 = 0{,}00664$

c) $246{,}7 : 1\,000 = 0{,}2467$

d) $19{,}04 : 0{,}1 = 190{,}4 : 1 = 190{,}4$

e) $4{,}92 : 0{,}01 = 492 : 1 = 492$

f) $27{,}76 : 8 = 3{,}47$

g) $52{,}0 : 4 = 13{,}0 = 13$

h) $1{,}04 : 5 = 0{,}208$

i) $126{,}17 : 74 = 1{,}705$

j) $51{,}8 : 0{,}7 = 518 : 7 = 74$

k) $44{,}92 : 0{,}8 = 449{,}2 : 8 = 56{,}15$

l) $52{,}65 : 0{,}7 = 526{,}5 : 7 = 75{,}214\ldots \approx 75{,}21$

m) $64{,}8 : 0{,}09 = 6\,480 : 9 = 720$

n) $2{,}75 : 0{,}011 = 2\,750 : 11 = 250$

15. a) $13{,}345 : 85 = 0{,}157$

b) $13{,}345 : 8{,}5 = 133{,}45 : 85 = 1{,}57$

c) $13{,}345 : 0{,}85 = 1\,334{,}5 : 85 = 15{,}7$

d) $133{,}45 : 850 = 0{,}157$

e) $1\,334{,}5 : 8\,500 = 0{,}157$

f) $1{,}3345 : 8{,}5 = 13{,}345 : 85 = 0{,}157$

g) $0{,}13345 : 0{,}85 = 13{,}345 : 85 = 0{,}157$

h) $1{,}3345 : 0{,}85 = 133{,}45 : 85 = 1{,}57$

i) In den Aufgaben ist die Ziffernfolge der Quotienten immer gleich. Sie lautet 157 ($13\,345 : 85 = 157$). Das Komma muss an die richtige Stelle gesetzt werden.

16.

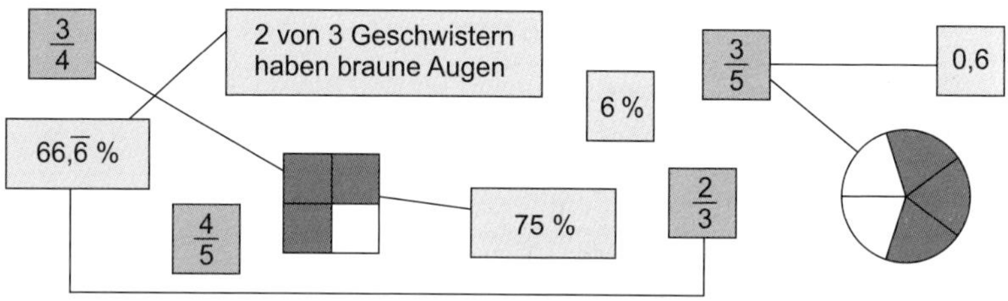

17.

	Darstellung	Bruch	Hundertstel-bruch	Dezimal-zahl	Prozent
a)	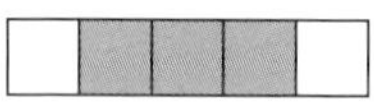	$\frac{3}{5}$	$\frac{60}{100}$	0,6	60 %
b)	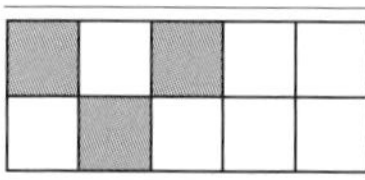	$\frac{3}{10}$	$\frac{30}{100}$	0,3	30 %
c)	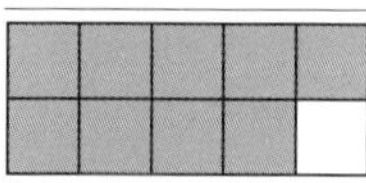	$\frac{9}{10}$	$\frac{90}{100}$	0,9	90 %
d)	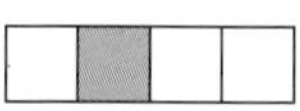	$\frac{1}{4}$	$\frac{25}{100}$	0,25	25 %
e)	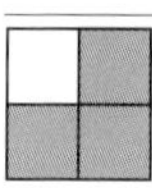	$\frac{3}{4}$	$\frac{75}{100}$	0,75	75 %

18. Achte beim Zeichnen darauf, dass alle Teile gleich groß sind. Wichtig ist dann nicht, welche Teile du ausmalst, sondern die Anzahl der gefärbten Stücke ist entscheidend.

a) 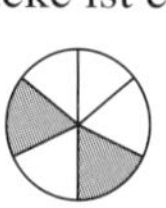

b) 

c) 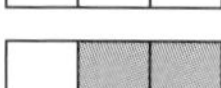

d) 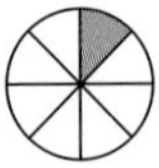

19. a) 3 Teile von 8 Teilen: $\frac{3}{8} = 37{,}5\ \%$

b) 4 Teile von 8 Teilen: $\frac{4}{8} = 50\ \%$

c) 3 Teile von 10 Teilen: $\frac{3}{10} = 30\ \%$

d) 4 Teile von 6 Teilen: $\frac{4}{6} \approx 66{,}7\ \%$

20. a) $\frac{3}{8} = \frac{9}{24}$

b) $\frac{5}{9} = \frac{15}{27}$

c) $\frac{6}{7} = \frac{18}{21}$

21. a) $\frac{18}{24} = \frac{18:6}{24:6} = \frac{3}{4}$

b) $\frac{32}{48} = \frac{32:8}{48:8} = \frac{4:2}{6:2} = \frac{2}{3}$

c) $\frac{15}{30} = \frac{15:15}{30:15} = \frac{1}{2}$

22. a) Erweiterungszahl 5: $\frac{3}{10} = \frac{\mathbf{15}}{50}$

b) Erweiterungszahl 6: $\frac{3}{8} = \frac{\mathbf{18}}{48}$

c) Erweiterungszahl 3: $\frac{3}{4} = \frac{9}{\mathbf{12}}$

d) Erweiterungszahl 4: $\frac{5}{6} = \frac{20}{\mathbf{24}}$

23. a) $\frac{1}{2} = \frac{3}{6}$ $\frac{2}{3} = \frac{4}{6}$

b) $\frac{7}{6} = \frac{21}{18}$ $\frac{2}{9} = \frac{4}{18}$

c) $\frac{3}{4} = \frac{21}{28}$ $\frac{11}{14} = \frac{22}{28}$

d) $\frac{7}{10} = \frac{21}{30}$ $\frac{15}{30}$

24. Haben zwei Brüche den gleichen Nenner, ist der Bruch größer, der den größeren Zähler hat.

$\frac{3}{4}, \frac{2}{5}, \frac{7}{10}, \frac{1}{2}$ Hauptnenner: 20

$\frac{3}{4} = \frac{15}{20}$ $\frac{2}{5} = \frac{8}{20}$ $\frac{7}{10} = \frac{14}{20}$ $\frac{1}{2} = \frac{10}{20}$

$\frac{8}{20} < \frac{10}{20} < \frac{14}{20} < \frac{15}{20} \Rightarrow \frac{2}{5} < \frac{1}{2} < \frac{7}{10} < \frac{3}{4}$

25. a) $\frac{1}{2} = \frac{1 \cdot 3}{2 \cdot 3} = \frac{3}{6}$ $\frac{5}{6}$

Dazwischen liegt: $\frac{4}{6} = \frac{2}{3}$

b) $\frac{1}{2} = \frac{1 \cdot 4}{2 \cdot 4} = \frac{4}{8}$ $\frac{3}{4} = \frac{3 \cdot 2}{4 \cdot 2} = \frac{6}{8}$

Dazwischen liegt: $\frac{5}{8}$

c) $\frac{1}{2} = \frac{10}{20}$ $\frac{3}{5} = \frac{3 \cdot 4}{5 \cdot 4} = \frac{12}{20}$

Dazwischen liegt: $\frac{11}{20}$

d) $\frac{1}{3} = \frac{1 \cdot 40}{3 \cdot 40} = \frac{40}{120}$ $\frac{1}{4} = \frac{1 \cdot 30}{4 \cdot 30} = \frac{30}{120}$

Dazwischen liegt z. B.: $\frac{35}{120} = \frac{7}{24}$

26. a) $3\frac{1}{2}=\frac{3\cdot 2+1}{2}=\frac{7}{2}$

b) $7\frac{3}{4}=\frac{7\cdot 4+3}{4}=\frac{31}{4}$

c) $10\frac{7}{8}=\frac{10\cdot 8+7}{8}=\frac{87}{8}$

27. a) $\frac{13}{2}=6\frac{1}{2}$

b) $\frac{38}{5}=7\frac{3}{5}$

c) $\frac{121}{10}=12\frac{1}{10}$

28. a) $\frac{3}{4}+\frac{3}{8}=\frac{6}{8}+\frac{3}{8}=\frac{9}{8}=1\frac{1}{8}$

b) $\frac{7}{8}+\frac{1}{2}=\frac{7}{8}+\frac{4}{8}=\frac{11}{8}=1\frac{3}{8}$

c) $\frac{2}{5}+\frac{1}{3}=\frac{6}{15}+\frac{5}{15}=\frac{11}{15}$

d) $\frac{3}{4}+\frac{4}{5}=\frac{15}{20}+\frac{16}{20}=\frac{31}{20}=1\frac{11}{20}$

29. a) $\frac{3}{8}-\frac{5}{16}=\frac{6}{16}-\frac{5}{16}=\frac{1}{16}$

b) $\frac{1}{2}-\frac{3}{8}=\frac{4}{8}-\frac{3}{8}=\frac{1}{8}$

c) $\frac{5}{6}-\frac{2}{5}=\frac{25}{30}-\frac{12}{30}=\frac{13}{30}$

d) $\frac{5}{12}-\frac{2}{5}=\frac{25}{60}-\frac{24}{60}=\frac{1}{60}$

30. Hier werden die Ganzen und die Brüche getrennt voneinander addiert oder subtrahiert. Du kannst die gemischten Zahlen auch zunächst in unechte Brüche verwandeln und gleichnamig machen, bevor du addierst bzw. subtrahierst. Rechne so, wie es für dich am leichtesten ist.

a) $1\frac{3}{10}+2\frac{1}{5}=1\frac{3}{10}+2\frac{2}{10}=3\frac{5}{10}=3\frac{1}{2}$

b) $2\frac{3}{8}+5\frac{1}{2}=2\frac{3}{8}+5\frac{4}{8}=7\frac{7}{8}$

c) $7\frac{3}{5}-2\frac{1}{2}=7\frac{6}{10}-2\frac{5}{10}=5\frac{1}{10}$

d) $5\frac{3}{8}-3\frac{1}{4}=5\frac{3}{8}-3\frac{2}{8}=2\frac{1}{8}$

e) $5\frac{4}{5}+3\frac{7}{10}=5\frac{8}{10}+3\frac{7}{10}=8\frac{15}{10}=9\frac{5}{10}=9\frac{1}{2}$

f) $8\frac{7}{8}+1\frac{1}{2}=8\frac{7}{8}+1\frac{4}{8}=9\frac{11}{8}=10\frac{3}{8}$

31. a) $\frac{5}{8}\cdot\frac{3}{7}=\frac{5\cdot 3}{8\cdot 7}=\frac{15}{56}$

b) $\frac{2}{3}\cdot\frac{8}{9}=\frac{2\cdot 8}{3\cdot 9}=\frac{16}{27}$

c) $\frac{3}{8}\cdot\frac{16}{27}=\frac{3\cdot 16}{8\cdot 27}=\frac{1\cdot 16}{8\cdot 9}=\frac{1\cdot 2}{1\cdot 9}=\frac{2}{9}$

d) $\frac{18}{15}\cdot\frac{5}{6}=\frac{18\cdot 5}{15\cdot 6}=\frac{18\cdot 1}{3\cdot 6}=\frac{3\cdot 1}{3\cdot 1}=\frac{3}{3}=1$

32. Beim Multiplizieren müssen gemischte Zahlen vorher in unechte Brüche umgewandelt werden.

a) $4\frac{3}{4}\cdot 1\frac{1}{5}=\frac{19}{4}\cdot\frac{6}{5}=\frac{19\cdot 6}{4\cdot 5}=\frac{19\cdot 3}{2\cdot 5}=\frac{57}{10}=5\frac{7}{10}$

b) $3\frac{1}{2}\cdot 4\frac{2}{5}=\frac{7}{2}\cdot\frac{22}{5}=\frac{7\cdot 22}{2\cdot 5}=\frac{7\cdot 11}{1\cdot 5}=\frac{77}{5}=15\frac{2}{5}$

33. a) $\frac{2}{5}:\frac{3}{7}=\frac{2}{5}\cdot\frac{7}{3}=\frac{2\cdot 7}{5\cdot 3}=\frac{14}{15}$

b) $\frac{4}{7}:\frac{5}{9}=\frac{4}{7}\cdot\frac{9}{5}=\frac{4\cdot 9}{7\cdot 5}=\frac{36}{35}=1\frac{1}{35}$

c) $\frac{1}{2}:\frac{3}{4}=\frac{1}{2}\cdot\frac{4}{3}=\frac{1\cdot 4}{2\cdot 3}=\frac{1\cdot 2}{1\cdot 3}=\frac{2}{3}$

d) $\frac{6}{7}:\frac{4}{21}=\frac{6}{7}\cdot\frac{21}{4}=\frac{6\cdot 21}{7\cdot 4}=\frac{6\cdot 3}{1\cdot 4}=\frac{3\cdot 3}{1\cdot 2}=\frac{9}{2}=4\frac{1}{2}$

34. Klammern haben „Vorfahrt“!

a) $\frac{1}{2}\cdot\frac{3}{4}:\frac{4}{5}=\frac{1}{2}\cdot\frac{3}{4}\cdot\frac{5}{4}=\frac{1\cdot 3\cdot 5}{2\cdot 4\cdot 4}=\frac{15}{32}$

b) $\frac{3}{8}\cdot\left(\frac{4}{5}-\frac{4}{9}\right)=\frac{3}{8}\cdot\left(\frac{36}{45}-\frac{20}{45}\right)=\frac{3}{8}\cdot\frac{16}{45}=\frac{3\cdot 16}{8\cdot 45}=\frac{3\cdot 2}{1\cdot 45}=\frac{1\cdot 2}{1\cdot 15}=\frac{2}{15}$

c) $1\frac{1}{2}\cdot\frac{4}{5}:\frac{1}{2}=\frac{3}{2}\cdot\frac{4}{5}\cdot\frac{2}{1}=\frac{3\cdot 4\cdot 2}{2\cdot 5\cdot 1}=\frac{3\cdot 4\cdot 1}{1\cdot 5\cdot 1}=\frac{12}{5}=2\frac{2}{5}$

d) $\left(1\frac{1}{2}+\frac{4}{5}\right):\frac{1}{2}=\left(1\frac{5}{10}+\frac{8}{10}\right):\frac{1}{2}=1\frac{13}{10}:\frac{1}{2}=\frac{23}{10}\cdot\frac{2}{1}=\frac{23\cdot 2}{10\cdot 1}=\frac{23\cdot 1}{5\cdot 1}$

$=\frac{23}{5}=4\frac{3}{5}$

e) $\frac{3}{8}\cdot\frac{4}{5}:\frac{4}{9}=\frac{3}{8}\cdot\frac{4}{5}\cdot\frac{9}{4}=\frac{3\cdot 4\cdot 9}{8\cdot 5\cdot 4}=\frac{3\cdot 1\cdot 9}{8\cdot 5\cdot 1}=\frac{27}{40}$

f) $\left(\frac{1}{2}+\frac{3}{4}\right):\frac{4}{5}=\left(\frac{2}{4}+\frac{3}{4}\right):\frac{4}{5}=\frac{5}{4}\cdot\frac{5}{4}=\frac{5\cdot 5}{4\cdot 4}=\frac{25}{16}=1\frac{9}{16}$

35. Folgende Zahlen gehören zusammen:

$\frac{1}{3}=0,\overline{3}=33,\overline{3}\ \%$ $\qquad$ $\frac{1}{6}=0,1\overline{6}=16,\overline{6}\ \%$

$\frac{3}{8}=0,375=37,5\ \%$ $\qquad$ $\frac{1}{25}=0,04=4\ \%$

Übrig bleiben: $\frac{1}{16}$, 1,67 % und 40 %

36. a) $\left(\frac{1}{2}+\frac{2}{5}\right)\cdot 2=(0{,}5+0{,}4)\cdot 2=0{,}9\cdot 2=1{,}8$

b) $\frac{1}{2}\cdot\left(\frac{4}{5}-\frac{1}{4}\right)=0{,}5\cdot(0{,}8-0{,}25)=0{,}5\cdot 0{,}55=0{,}275$

c) $\left(\frac{3}{8}+\frac{5}{4}\right)\cdot 1\frac{3}{4}=(0{,}375+1{,}25)\cdot 1{,}75=1{,}625\cdot 1{,}75=2{,}84375$

d) $\left(1\frac{1}{4}-\frac{3}{4}\right):\frac{1}{2}=(1{,}25-0{,}75):0{,}5=0{,}5:0{,}5=5:5=1$

e) $\left(4\frac{3}{4}-3\frac{1}{2}\right)\cdot 3{,}2=(4{,}75-3{,}5)\cdot 3{,}2=1{,}25\cdot 3{,}2=4{,}000=4$

f) $\left(8\frac{1}{2}+7{,}25\right):2\frac{1}{4}=(8{,}5+7{,}25):2{,}25=15{,}75:2{,}25=1\,575:225=7$

37. a) $6^2=6\cdot 6=36$

b) $0{,}3^2=0{,}3\cdot 0{,}3=0{,}09$

c) $\sqrt{100}=10$, da $10\cdot 10=100$

d) $\sqrt{49}=7$, da $7\cdot 7=49$

38. a) $(-5)^2=(-5)\cdot(-5)=25$ $\quad -5^2=-(5\cdot 5)=-25$

Die Vorzeichen der Ergebnisse unterscheiden sich.

b) $(-0{,}4)^2=(-0{,}4)\cdot(-0{,}4)=0{,}16$ $\quad -0{,}4^2=-(0{,}4\cdot 0{,}4)=-0{,}16$

Die Vorzeichen der Ergebnisse unterscheiden sich.

c) $(-3)^2=(-3)\cdot(-3)=9$ $\quad 3^2=3\cdot 3=9$

Die Vorzeichen der Ergebnisse sind gleich.

d) $\sqrt{36}=6$, da $6\cdot 6=36$ $\quad \sqrt{-36}$ geht nicht!

39. Bei den folgenden vier Aufgaben heißt die Ziffernfolge unter der Wurzel immer 225 und $\sqrt{225}$ ist 15. Die maßgebliche Ziffernfolge des Ergebnisses ist also 15. Jetzt musst du nur noch die Größenordnung des Ergebnisses bestimmen.

a) $\sqrt{225}=15$

b) $\sqrt{22\,500}=\sqrt{225\cdot 100}=\sqrt{225}\cdot\sqrt{100}=15\cdot 10=150$

c) $\sqrt{2,25} = 1,5$

Die Zahl, aus der die Wurzel gezogen wird, hat zwei Kommastellen, also hat das Ergebnis eine Kommastelle.

d) $\sqrt{0,0225} = 0,15$

Die Zahl, aus der die Wurzel gezogen wird, hat vier Kommastellen, also hat das Ergebnis zwei Kommastellen.

40. $\sqrt{29}$ liegt zwischen 5 und 6, denn $5 \cdot 5 = 25 < 29 < 6 \cdot 6 = 36$.

41. $6 \cdot 6 = 36$ und $7 \cdot 7 = 49$

$\sqrt{38}$ liegt näher an 6 als an 7, da 38 näher an 36 als an 49 liegt.

42.

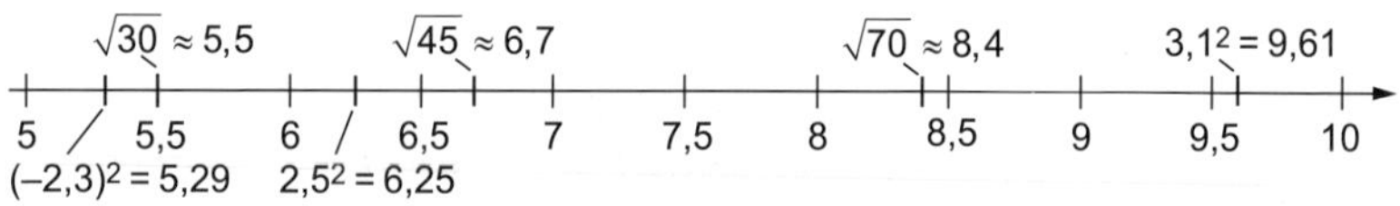

Wenn du jeweils 2 mm links oder rechts von der Lösung bist, kannst du deine Lösung als richtig werten.

43. a) $34{,}72 \cdot 10^7 = 34{,}72 \cdot 10\,000\,000 = 347\,200\,000$

b) $0{,}48 \cdot 10^6 = 0{,}48 \cdot 1\,000\,000 = 480\,000$

c) $98{,}7 \cdot 10^8 = 98{,}7 \cdot 100\,000\,000 = 9\,870\,000\,000$

d) $5{,}75 \cdot 10^5 = 5{,}75 \cdot 100\,000 = 575\,000$

44. a) $10^4 = 10 \cdot 10 \cdot 10 \cdot 10 = 10\,000$
$10^2 = 10 \cdot 10 = 100$
$10\,000 - 100 = 9\,900$

b) $5 \cdot 10^5 = 5 \cdot 100\,000 = 500\,000$
$4 \cdot 10^4 = 4 \cdot 10\,000 = 40\,000$
$500\,000 - 40\,000 = 460\,000$

c) $2{,}5 \cdot 10^4 = 2{,}5 \cdot 10\,000 = 25\,000$
$0{,}8 \cdot 10^3 = 0{,}8 \cdot 1\,000 = 800$
$25\,000 - 800 = 24\,200$

d) $6 \cdot 10^4 = 6 \cdot 10\,000 = 60\,000$
$3 \cdot 10^3 = 3 \cdot 1\,000 = 3\,000$
$60\,000 - 3\,000 = 57\,000$

45. a) $101\,100 = 100\,000 + 1\,000 + 100 = 10^5 + 10^3 + 10^2$

b) $1\,010\,100 = 1\,000\,000 + 10\,000 + 100 = 10^6 + 10^4 + 10^2$

46. a) $9\,738\,489 \approx 10\,000\,000 = 10^7$

b) $4\,237\,777 \approx 4\,000\,000 = 4 \cdot 1\,000\,000 = 4 \cdot 10^6$

47. a) $97\,545\,746\,233 \approx 98\,000\,000\,000 = 98 \cdot 1\,000\,000\,000 = 98 \cdot 10^9$

b) $9\,999\,999\,999 \approx 10\,000\,000\,000 = 10^{10}$

48. a)

$$\begin{array}{lcrcr} 365\text{ Tage} & = & 365 \cdot 24 \cdot 60 \cdot 60\text{ s} & = & 31\,536\,000{,}0\text{ s} \\ 5\text{ h} & = & 5 \cdot 60 \cdot 60\text{ s} & = & 18\,000{,}0\text{ s} \\ 48\text{ min} & = & 48 \cdot 60\text{ s} & = & 2\,880{,}0\text{ s} \\ & & & + & 7{,}7\text{ s} \\ \hline & & & & 31\,556\,887{,}7\text{ s} \end{array}$$

b) Länge eines Lichtjahres:
$31\,556\,887{,}7 \cdot 300\,000$ km $= 9\,467\,066\,310\,000$ km
$= 9{,}46706631 \cdot 10^{12}$ km

Schreibt man das Ergebnis gerundet auf Zehntel, heißt es $9{,}5 \cdot 10^{12}$ km.

Wenn du mit dem Taschenrechner $31\,556\,887{,}7 \cdot 300\,000$ km rechnest, zeigt er auf dem Display $9{,}46706631^{12}$ an, d. h., er zeigt das Ergebnis als Zehnerpotenz.

49. a) $b + b + b = 3b$

b) $c + c + 4 - c = c + 4$

c) $t + 3t - t = 3t$

d) $2{,}6u - 1{,}8u + 1{,}8 - 0{,}8u = 1{,}8$

50. a) $d + 4 + d - 3 = 2d + 1$

b) $5 + e + 2 + 2e + e = 4e + 7$

c) $12x - 9 - 4x + 4 = 8x - 5$

d) $5 - y - 6 + y = -1$

51. a) $2 \cdot (3x - 5) = 6x - 10$

b) $6 \cdot (2a + 4) = 12a + 24$

c) $5 \cdot (7b + 3) = 35b + 15$

d) $4 \cdot (4c - 9) = 16c - 36$

52. a) $12+(4x+4)=12+4x+4=4x+16$

b) $5x-(x-4)=5x-x+4=4x+4$

c) $13-(4b+9)=13-4b-9=-4b+4$

d) $3\cdot(x-4)+(2x+7)=3x-12+2x+7=5x-5$

e) $6\cdot(3b-4)-4\cdot(4b+7)=18b-24-16b-28=2b-52$

f) $9\cdot(m-9)-9\cdot(m-9)=9m-81-9m+81=0$

53. a) $5+3=8$

b) $7-5=2$

c) $5-5+5-7=-2$

d) $4\cdot 5-u+3=20-u+3=-u+23$

54. a) $2+(-3)=2-3=-1$

b) $2\cdot 2+2\cdot(-3)=4-6=-2$

c) $2\cdot(-3)-2\cdot(+2)=-6-4=-10$

d) $2\cdot[2+(-3)]-5=2\cdot(2-3)-5=2\cdot(-1)-5=-2-5=-7$

e) $2\cdot[2+(-3)]+2\cdot[(-3)-(+2)]=$
$2\cdot(2-3)+2\cdot(-3-2)=2\cdot(-1)+2\cdot(-5)=-2-10=-12$

f) $-2\cdot(-3)+6\cdot(-3)-5\cdot(+2)=6-18-10=-22$

55. Im Rechenausdruck $2\cdot a+4\cdot b$ wird a durch 4 und b durch –5 ersetzt:
$2\cdot 4+4\cdot(-5)=8-20=-12$

Dasselbe für $a-b-6$:
$4-(-5)-6=4+5-6=3$

Das größere Ergebnis heißt 3.

56. Wenn man $x=0$ und $y=2$ setzt, dann lautet der Rechenausdruck:
$-2\cdot(3\cdot 0-6)\cdot(1-2)=-2\cdot(-6)\cdot(-1)=12\cdot(-1)=-12$

57. a) $x\cdot 1{,}20+y\cdot 0{,}80$

b) $x\cdot 0{,}40+y\cdot 1{,}20$

c) $x\cdot 0{,}40+y\cdot 0{,}80$

58. a) $x \cdot 1{,}10 + y \cdot 0{,}50$

b) $2{,}99 + x \cdot 0{,}99$

c) $x \cdot 249 + y \cdot 3{,}90$

59. a)
$$\begin{aligned} 8x + 6 &= 38 && \mid -6 \\ 8x &= 32 && \mid :8 \\ x &= 4 \end{aligned}$$

b)
$$\begin{aligned} 18 + 4x &= 42 && \mid -18 \\ 4x &= 24 && \mid :4 \\ x &= 6 \end{aligned}$$

c)
$$\begin{aligned} 24 + 3x &= 45 && \mid -24 \\ 3x &= 21 && \mid :3 \\ x &= 7 \end{aligned}$$

d)
$$\begin{aligned} 6x + 2 &= 8 && \mid -2 \\ 6x &= 6 && \mid :6 \\ x &= 1 \end{aligned}$$

e)
$$\begin{aligned} 58 &= 8x + 10 && \mid -10 \\ 48 &= 8x && \mid :8 \\ 6 &= x \\ x &= 6 \end{aligned}$$

f)
$$\begin{aligned} 15 &= 3{,}5x + 1 && \mid -1 \\ 14 &= 3{,}5x && \mid :3{,}5 \\ 4 &= x \\ x &= 4 \end{aligned}$$

g)
$$\begin{aligned} 9x - 6 &= 33 && \mid +6 \\ 9x &= 39 && \mid :9 \\ x &= \frac{39}{9} \\ x &= 4\frac{1}{3} \end{aligned}$$

h) $2x+0{,}5=1{,}5 \quad |-0{,}5$

$2x=1$

$x=\frac{1}{2}$

60. a) $2x+20=8x+2 \quad |-2$

$2x+18=8x \quad |-2x$

$18=6x \quad |:6$

$3=x$

$x=3$

b) $6x+3=9x-6 \quad |+6$

$6x+9=9x \quad |-6x$

$9=3x \quad |:3$

$3=x$

$x=3$

c) $3x-4=x+6 \quad |+4$

$3x=x+10 \quad |-x$

$2x=10 \quad |:2$

$x=5$

d) $5x-1=7x+3 \quad |-3$

$5x-4=7x \quad |-5x$

$-4=2x \quad |:2$

$-2=x$

$x=-2$

e) $4x+18=-2x+24 \quad |-18$

$4x=-2x+6 \quad |+2x$

$6x=6 \quad |:6$

$x=1$

f) $7-x=-23-2x \quad |-7$

$-x=-30-2x \quad |+2x$

$x=-30$

61. a) $x+3{,}5-0{,}5x=6-0{,}5x+1{,}5$

$$0{,}5x+3{,}5=7{,}5-0{,}5x \qquad |-3{,}5$$
$$0{,}5x=4-0{,}5x \qquad |+0{,}5x$$
$$x=4$$

b) $6{,}5-x+2=4-0{,}5x-2{,}5x$

$$-x+8{,}5=-3x+4 \qquad |-8{,}5$$
$$-x=-3x-4{,}5 \qquad |+3x$$
$$2x=-4{,}5 \qquad |:2$$
$$x=-2{,}25$$

c) $3+4x=28-x \qquad |-3$

$$4x=25-x \qquad |+x$$
$$5x=25 \qquad |:5$$
$$x=5$$

d) $3x-1+x=3x+17-2x$

$$4x-1=x+17 \qquad |+1$$
$$4x=x+18 \qquad |-x$$
$$3x=18 \qquad |:3$$
$$x=6$$

62. a) $3\cdot(x-3)=6\cdot(9-x)$

$$3x-9=54-6x \qquad |+9$$
$$3x=63-6x \qquad |+6x$$
$$9x=63 \qquad |:9$$
$$x=7$$

b) $x+14=3\cdot(x-2)$

$$x+14=3x-6 \qquad |+6$$
$$x+20=3x \qquad |-x$$
$$20=2x \qquad |:2$$
$$10=x$$
$$x=10$$

c) $-4x+29-3=2\cdot(x-5)$

$$
\begin{aligned}
-4x+29-3&=2x-10 &&\\
-4x+26&=2x-10 && |+10\\
-4x+36&=2x && |+4x\\
36&=6x && |:6\\
6&=x &&\\
x&=6 &&
\end{aligned}
$$

d) $2{,}5\cdot(2x+4)-3=5\cdot(4-x)+12$

$$
\begin{aligned}
5x+10-3&=20-5x+12 &&\\
5x+7&=-5x+32 && |-7\\
5x&=-5x+25 && |+5x\\
10x&=25 && |:10\\
x&=2{,}5 &&
\end{aligned}
$$

63. a) $3x+15=5x-1 \qquad |+1$

$$
\begin{aligned}
3x+16&=5x && |-3x\\
16&=2x && |:2\\
8&=x &&\\
x&=8 &&
\end{aligned}
$$

b) $150-3x=51 \qquad |+3x$

$$
\begin{aligned}
150&=51+3x && |-51\\
99&=3x && |:3\\
33&=x &&\\
x&=33 &&
\end{aligned}
$$

c) $2x+8=6x \qquad |-2x$

$$
\begin{aligned}
8&=4x && |:4\\
2&=x &&\\
x&=2 &&
\end{aligned}
$$

d) $8x-15=5x \qquad |+15$

$$
\begin{aligned}
8x&=5x+15 && |-5x\\
3x&=15 && |:3\\
x&=5 &&
\end{aligned}
$$

64. a) Die Breite des Rechtecks sei x cm. Dann ist seine Länge (x + 6) cm.

$$
\begin{aligned}
(x+6)+(x+6)+x+x &= 52 \\
4x+12 &= 52 \quad |-12 \\
4x &= 40 \quad |:4 \\
x &= 10
\end{aligned}
$$

Länge: 16 cm, Breite: 10 cm

b) Walter sei x Jahre alt. Dann ist Helmut (x + 4) Jahre alt.

$$
\begin{aligned}
x+(x+4) &= 88 \\
2x+4 &= 88 \quad |-4 \\
2x &= 84 \quad |:2 \\
x &= 42
\end{aligned}
$$

Walter: 42 Jahre, Helmut: 46 Jahre

c) Im kleineren Fass seien x Liter Wein, im größeren (x + 150) Liter.

$$
\begin{aligned}
x+(x+150) &= 720 \\
2x+150 &= 720 \quad |-150 \\
2x &= 570 \quad |:2 \\
x &= 285
\end{aligned}
$$

Kleineres Fass: 285 Liter, größeres Fass: 435 Liter

65. Lukas wiege x kg. Dann wiegt Michael (x + 2) kg und David (x – 9) kg. Die Gleichung heißt dann:

$$
\begin{aligned}
x+(x+2)+(x-9) &= 219{,}5 \\
3x-7 &= 219{,}5 \quad |+7 \\
3x &= 226{,}5 \quad |:3 \\
x &= 75{,}5
\end{aligned}
$$

Lukas wiegt 75,5 kg.

66. Stefan sei x Jahre alt. Dann beträgt das Alter seiner Mutter (4 · x) Jahre. Sein Vater ist dann (4 · x + 3) Jahre alt. Zusammen sind sie 75 Jahre alt.

$$
\begin{aligned}
x+(4\cdot x)+(4\cdot x+3) &= 75 \\
9x+3 &= 75 \quad |-3 \\
9x &= 72 \quad |:9 \\
x &= 8
\end{aligned}
$$

Stefan ist acht Jahre alt.

67. Die beiden Schenkel sind je (x + 5) cm lang. Der Umfang des Trapezes ist also (in cm): $u = 2x + x + (x+5) + (x+5) = 2x + x + x + 5 + x + 5 = 5x + 10$

Für den Umfang gilt auch $u = 70$ cm. Somit kann folgende Gleichung aufgestellt werden:

$$\begin{aligned} 5x + 10 &= 70 \quad &|-10 \\ 5x &= 60 \quad &|:5 \\ x &= 12 \end{aligned}$$

Die Seite x ist 12 cm lang.

68. Der Umfang des Quadrats beträgt: $(x + x + x + x)$ cm $= 4x$ cm
Der Umfang des Dreiecks beträgt:
$[(x+3) + (x+3) + (x-1)]$ cm $= (x + 3 + x + 3 + x - 1)$ cm $= (3x + 5)$ cm
Beide Umfänge sollen gleich groß sein. Also gilt:

$$\begin{aligned} 4x &= 3x + 5 \quad &|-3x \\ x &= 5 \end{aligned}$$

Seitenlänge des Quadrats: $x = 5$ cm

69. Die Winkelsumme im Viereck beträgt $\alpha + \beta + \gamma + \delta = 360°$ und im Parallelogramm gilt $\alpha = \gamma$ und $\beta = \delta$.

Wenn α doppelt so groß ist wie β, dann gilt: $\beta = \frac{1}{2}\alpha$
Somit gilt die Gleichung:

$$\begin{aligned} \alpha + \beta + \gamma + \delta &= 360° \\ \alpha + \frac{1}{2}\alpha + \alpha + \frac{1}{2}\alpha &= 360° \\ 3\alpha &= 360° \quad &|:3 \\ \alpha &= 120° \end{aligned}$$

Der Winkel α ist 120° groß.

70. a) G = 14 Tage, P = 7 Tage, p % = 50 %

b) G = 49 €, P = 4,90 €, p % = 10 %

c) G = 650 Parkplätze, P = 260 Parkplätze, p % = 40 %

71. a) $100\,\% \mathrel{\hat{=}} 720$ €
$1\,\% \mathrel{\hat{=}} 720\text{ €} : 100 = 7{,}20$ €
$50\,\% \mathrel{\hat{=}} 7{,}20\text{ €} \cdot 50 = 360$ €

b) $100\,\% \mathrel{\hat{=}} 44\text{ kg}$
$1\,\% \mathrel{\hat{=}} 44\text{ kg} : 100 = 0{,}44\text{ kg}$
$4\,\% \mathrel{\hat{=}} 0{,}44\text{ kg} \cdot 4 = 1{,}76\text{ kg}$

c) $100\,\% \mathrel{\hat{=}} 600\text{ cm}$
$1\,\% \mathrel{\hat{=}} 600\text{ cm} : 100 = 6\text{ cm}$
$60\,\% \mathrel{\hat{=}} 6\text{ cm} \cdot 60 = 360\text{ cm}$

d) $100\,\% \mathrel{\hat{=}} 5\text{ Stunden}$
$1\,\% \mathrel{\hat{=}} 5\text{ Stunden} : 100 = 0{,}05\text{ Stunden}$
$125\,\% \mathrel{\hat{=}} 0{,}05\text{ Stunden} \cdot 125 = 6{,}25\text{ Stunden}$

e) $500\text{ €} \mathrel{\hat{=}} 100\,\%$
$1\text{ €} \mathrel{\hat{=}} 100\,\% : 500 = 0{,}2\,\%$
$50\text{ €} \mathrel{\hat{=}} 0{,}2\,\% \cdot 50 = 10\,\%$

f) $2\,560\text{ km} \mathrel{\hat{=}} 100\,\%$

$$1\text{ km} \mathrel{\hat{=}} \frac{100}{2\,560}\,\%$$

$$640\text{ km} \mathrel{\hat{=}} \frac{100 \cdot 640}{2\,560}\,\% = \frac{100 \cdot 1}{4}\,\% = 25\,\%$$

72. a) Grundwert G ist die Anzahl aller Kästchen; somit gilt G = 40 Kästchen. Prozentwert P ist die Anzahl der grau gefärbten Kästchen; also P = 14 Kästchen. Gesucht ist der Prozentsatz p %.

1. Möglichkeit: **Dreisatz**

$40\text{ Kästchen} \mathrel{\hat{=}} 100\,\%$
$1\text{ Kästchen} \mathrel{\hat{=}} 100\,\% : 40 = 2{,}5\,\%$
$14\text{ Kästchen} \mathrel{\hat{=}} 2{,}5\,\% \cdot 14 = 35\,\%$

2. Möglichkeit: **Formel**

$$p\,\% = \frac{P \cdot 100}{G}\,\% = \frac{14 \cdot 100}{40}\,\% = \frac{7 \cdot 100}{20}\,\% = \frac{7 \cdot 5}{1}\,\% = 35\,\%$$

b) Es sind acht ganze und acht halbe Kästchen = zwölf Kästchen grau gefärbt. Dies ist der Prozentwert P. Der Grundwert G ist die Anzahl aller Kästchen. Insgesamt sind es 40 Kästchen. Es gilt: G $\hat{=}$ 100 %. Gesucht ist der Prozentsatz p %.

1. Möglichkeit: **Dreisatz**

40 Kästchen $\hat{=}$ 100 %

1 Kästchen $\hat{=}$ 100 % : 40 = 2,5 %

12 Kästchen $\hat{=}$ 2,5 % · 12 = 30 %

2. Möglichkeit: **Formel**

$$p\,\% = \frac{P \cdot 100}{G}\,\% = \frac{12 \cdot 100}{40}\,\% = \frac{12 \cdot 10}{4}\,\% = \frac{3 \cdot 10}{1}\,\% = 30\,\%$$

c) Es sind insgesamt 80 Kästchen. Davon sind zwölf ganze und 16 halbe, also insgesamt 20 Kästchen grau gefärbt. Die Anzahl aller Kästchen bilden den Grundwert G, die grauen den Prozentwert P. G entspricht immer 100 %. Der Prozentsatz p % wird gesucht.

1. Möglichkeit: **Dreisatz**

80 Kästchen $\hat{=}$ 100 %

1 Kästchen $\hat{=} \frac{100}{80}\,\% = \frac{10}{8}\,\% = \frac{5}{4}\,\%$

20 Kästchen $\hat{=} \frac{5}{4}\,\% \cdot 20 = \frac{5 \cdot 20}{4 \cdot 1}\,\% = \frac{5 \cdot 5}{1 \cdot 1} = 25\,\%$

2. Möglichkeit: **Formel**

$$p\,\% = \frac{P \cdot 100}{G}\,\% = \frac{20 \cdot 100}{80}\,\% = \frac{20 \cdot 5}{4}\,\% = \frac{5 \cdot 5}{1}\,\% = 25\,\%$$

d) Grau gefärbt sind zwölf von 32 Dreiecken. Die Anzahl aller Dreiecke bildet den Grundwert G, die Anzahl der grau gefärbten den Prozentwert P. G entspricht immer 100 %. Der Prozentsatz p % wird gesucht.

1. Möglichkeit: **Dreisatz**

32 Dreiecke $\hat{=}$ 100 %

1 Dreieck $\hat{=}$ 100 % : 32 = 3,125 %

12 Dreiecke $\hat{=}$ 3,125 % · 12 = 37,5 %

2. Möglichkeit: **Formel**

$$p\,\% = \frac{P \cdot 100}{G}\,\% = \frac{12 \cdot 100}{32}\,\% = \frac{3 \cdot 100}{8}\,\% = \frac{3 \cdot 25}{2}\,\% = \frac{75}{2}\,\% = 37{,}5\,\%$$

73. Wenn man 10 % (eines Betrages) kennt, kommt man auf 5 %, indem man die Hälfte des Betrages von 10 % berechnet; auf 20 %, indem man den Betrag von 10 % verdoppelt; usw.

a) $100\,\% \mathrel{\hat{=}} 200\,€$
$1\,\% \mathrel{\hat{=}} 200\,€ : 100 = 2\,€$
$10\,\% \mathrel{\hat{=}} 2\,€ \cdot 10 = 20\,€$

b) $10\,\% \mathrel{\hat{=}} 20\,€ \;\rightarrow\; 5\,\% \mathrel{\hat{=}} 20\,€ : 2 = 10\,€$

c) $10\,\% \mathrel{\hat{=}} 20\,€ \;\rightarrow\; 20\,\% \mathrel{\hat{=}} 20\,€ \cdot 2 = 40\,€$

d) $10\,\% \mathrel{\hat{=}} 20\,€ \;\rightarrow\; 25\,\% \mathrel{\hat{=}} 20\,€ \cdot 2{,}5 = 50\,€$

74. Wenn der Prozentsatz p % gleich bleibt und sich der Prozentwert P verdoppelt, verdoppelt sich auch der Grundwert G; wenn sich der Prozentwert P verzehnfacht, verzehnfacht sich ebenfalls der Grundwert G; usw.

a) $25\,\% \mathrel{\hat{=}} 4\text{ kg}$
$1\,\% \mathrel{\hat{=}} 4\text{ kg} : 25 = 0{,}16\text{ kg}$
$100\,\% \mathrel{\hat{=}} 16\text{ kg}$

b) $40\text{ kg} = 4\text{ kg} \cdot 10 \;\rightarrow\; G = 16\text{ kg} \cdot 10 = 160\text{ kg}$

c) $8\text{ kg} = 4\text{ kg} \cdot 2 \;\rightarrow\; G = 16\text{ kg} \cdot 2 = 32\text{ kg}$

d) $12\text{ kg} = 4\text{ kg} \cdot 3 \;\rightarrow\; G = 16\text{ kg} \cdot 3 = 48\text{ kg}$

e) $80\text{ kg} = 4\text{ kg} \cdot 20 \;\rightarrow\; G = 16\text{ kg} \cdot 20 = 320\text{ kg}$

f) $2\text{ kg} = 4\text{ kg} : 2 \;\rightarrow\; G = 16\text{ kg} : 2 = 8\text{ kg}$

75. Ein Vollkreis hat einen Mittelpunktswinkel von 360° (Grundwert G = 360°), der gefärbte Kreisausschnitt hat einen Mittelpunktswinkel von 45° (Prozentwert P = 45°).

1. Möglichkeit: **Dreisatz**

$360° \mathrel{\hat{=}} 100\,\%$

$$1° \mathrel{\hat{=}} \frac{100}{360}\,\% = \frac{10}{36}\,\% = \frac{5}{18}\,\%$$

$$45° \mathrel{\hat{=}} \frac{5}{18}\,\% \cdot 45 = \frac{5 \cdot 45}{18}\,\% = \frac{5 \cdot 5}{2}\,\% = \frac{25}{2}\,\% = 12{,}5\,\%$$

2. Möglichkeit: **Formel**

$$p\,\% = \frac{P \cdot 100}{G}\,\% = \frac{45 \cdot 100}{360}\,\% = \frac{1 \cdot 100}{8}\,\% = \frac{25}{2}\,\% = 12{,}5\,\%$$

76. Der Grundwert G ist 480 € (100 %), der Prozentwert P beträgt 480 € − 408 € = 72 €. Gesucht ist der Prozentsatz p %.

$$p\,\% = \frac{P \cdot 100}{G}\,\% = \frac{72 \cdot 100}{480}\,\% = \frac{72 \cdot 10}{48}\,\% = \frac{3 \cdot 10}{2}\,\% = \frac{3 \cdot 5}{1}\,\% = 15\,\%$$

Der Preis wurde um 15 % gesenkt.

Du kannst auch 408 € als Prozentwert nehmen. Dann gilt:

$$480\text{ €} \mathrel{\hat{=}} 100\,\%$$

$$1\text{ €} \mathrel{\hat{=}} \frac{5}{24}\,\%$$

$$408\text{ €} \mathrel{\hat{=}} \frac{5 \cdot 408}{24}\,\% = \frac{5 \cdot 17}{1}\,\% = 85\,\%$$

Der neue Preis ist demnach 85 % des alten Preises, der 100 % entspricht. Die Preissenkung beträgt somit 100 % − 85 % = 15 %.

77.

$$100\,\% \mathrel{\hat{=}} 3\,600\text{ €}$$

$$1\,\% \mathrel{\hat{=}} 3\,600\text{ €} : 100 = 36\text{ €}$$

$$3\,\% \mathrel{\hat{=}} 36\text{ €} \cdot 3 = 108\text{ €}$$

3 600 € − 108 € = 3 492 €

Die Maschine kostet nach Abzug des Skontos 3 492 €.

78. $\frac{2}{5} = 40\,\%$; die Hälfte = 50 %

Gestiftet werden: 100 % − 40 % − 50 % = 10 %

$$10\,\% \mathrel{\hat{=}} 12\,000\text{ €}$$

$$1\,\% \mathrel{\hat{=}} 12\,000\text{ €} : 10 = 1\,200\text{ €}$$

$$100\,\% \mathrel{\hat{=}} 1\,200\text{ €} \cdot 100 = 120\,000\text{ €}$$

Sein Vermögen betrug 120 000 €.

79.

$$100\,\% \mathrel{\hat{=}} 720\,000\text{ t}$$

$$1\,\% \mathrel{\hat{=}} 720\,000\text{ t} : 100 = 7\,200\text{ t}$$

$$17{,}5\,\% \mathrel{\hat{=}} 7\,200\text{ t} \cdot 17{,}5 = 126\,000\text{ t}$$

Es werden jährlich 126 000 Tonnen Hausmüll angeliefert.

80. $100\,\% \mathrel{\hat{=}} 3\,100\,€$

$1\,\% \mathrel{\hat{=}} 3\,100\,€ : 100 = 31\,€$

Ausgaben für Miete: $31\,€ \cdot 25 = 775\,€$
Ausgaben für Nahrung: $31\,€ \cdot 40 = 1\,240\,€$
Ausgaben für die restlichen Bedürfnisse: $31\,€ \cdot 30 = 930\,€$
Einzahlung auf das Sparkonto: $3\,100\,€ - 775\,€ - 1\,240\,€ - 930\,€ = 155\,€$

81. Baden-Württemberg:

$357\,000\text{ km}^2 \mathrel{\hat{=}} 100\,\%$

$$1\text{ km}^2 \mathrel{\hat{=}} \frac{100}{357\,000}\,\%$$

$$35\,800\text{ km}^2 \mathrel{\hat{=}} \frac{100 \cdot 35\,800}{357\,000}\,\% \approx 10\,\%$$

Bayern:

$357\,000\text{ km}^2 \mathrel{\hat{=}} 100\,\%$

$$1\text{ km}^2 \mathrel{\hat{=}} \frac{100}{357\,000}\,\%$$

$$70\,500\text{ km}^2 \mathrel{\hat{=}} \frac{100 \cdot 70\,500}{357\,000}\,\% \approx 19{,}7\,\%$$

82. $12{,}5\,\% \mathrel{\hat{=}} 1\,722\text{ kg}$

$1\,\% \mathrel{\hat{=}} 1\,722\text{ kg} : 12{,}5 = 137{,}76\text{ kg}$

$100\,\% \mathrel{\hat{=}} 137{,}76\text{ kg} \cdot 100 = 13\,776\text{ kg}$

Das Gesamtgewicht beträgt 13 776 kg.

83. a) $20\,\% \mathrel{\hat{=}} 600\,€$

$1\,\% \mathrel{\hat{=}} 600\,€ : 20 = 30\,€$

$100\,\% \mathrel{\hat{=}} 30\,€ \cdot 100 = 3\,000\,€$

Das Gehalt betrug 3 000 €.

b) $100\,\% \mathrel{\hat{=}} 600\,€$

$1\,\% \mathrel{\hat{=}} 600\,€ : 100 = 6\,€$

$105\,\% \mathrel{\hat{=}} 6\,€ \cdot 105 = 630\,€$

Die neue Miete beträgt 630 €.

c) $18\,\% \mathrel{\hat{=}} 630\,€$

$1\,\% \mathrel{\hat{=}} 630\,€ : 18 = 35\,€$

$100\,\% \mathrel{\hat{=}} 35\,€ \cdot 100 = 3\,500\,€$

Herr Klein verdient 3 500 €.

84. Veränderung 1950 – 2000:

$24{,}8 \text{ Mio.} \mathrel{\hat{=}} 100\,\%$

$$1 \text{ Mio.} \mathrel{\hat{=}} \frac{100}{24{,}8}\,\%$$

$$37{,}8 \text{ Mio.} \mathrel{\hat{=}} \frac{100 \cdot 37{,}8}{24{,}8}\,\% \approx 152{,}4\,\%$$

Die Bevölkerung nahm um 152,4 % – 100 % = 52,4 % zu.

Veränderung 2000 – 2050:

$37{,}8 \text{ Mio.} \mathrel{\hat{=}} 100\,\%$

$$1 \text{ Mio.} \mathrel{\hat{=}} \frac{100}{37{,}8}\,\%$$

$$32{,}9 \text{ Mio.} \mathrel{\hat{=}} \frac{100 \cdot 32{,}9}{37{,}8}\,\% \approx 87{,}0\,\%$$

Die Bevölkerung wird um 100 % – 87 % = 13 % abnehmen.

85. Zu berechnen ist zweimal der Grundwert G.
Für das Jahr 2019 gilt:
Prozentsatz p % = 21 %, Prozentwert P = 147 Segelboote
Für 2020 gilt:
p % = 24 %, P = 180 Segelboote

Jahr 2019:
1. Möglichkeit: **Dreisatz**

$21\,\% \mathrel{\hat{=}} 147 \text{ Segelboote}$

$1\,\% \mathrel{\hat{=}} 147 \text{ Segelboote} : 21 = 7 \text{ Segelboote}$

$100\,\% \mathrel{\hat{=}} 7 \text{ Segelboote} \cdot 100 = 700 \text{ Segelboote}$

2. Möglichkeit: **Formel**

$$G = \frac{P \cdot 100}{p} = \frac{147 \cdot 100}{21} \text{ Segelboote} = 700 \text{ Segelboote}$$

Jahr 2020:

1. Möglichkeit: **Dreisatz**

$24\ \% \triangleq 180$ Segelboote

$1\ \% \triangleq 180$ Segelboote : $24 = 7{,}5$ Segelboote

$100\ \% \triangleq 7{,}5$ Segelboote $\cdot\ 100 = 750$ Segelboote

2. Möglichkeit: **Formel**

$$G = \frac{P \cdot 100}{p} = \frac{180 \cdot 100}{24}\ \text{Segelboote} = 750\ \text{Segelboote}$$

Gesamtproduktion:
700 Segelboote + 750 Segelboote = 1 450 Segelboote

Die Firma stellte 2019 und 2020 insgesamt 1 450 Segelboote her.

86. Es wurden 75 % von 800 Karten verkauft.

$100\ \% \triangleq 800$ Karten

$1\ \% \triangleq 800$ Karten $: 100 = 8$ Karten

$75\ \% \triangleq 8$ Karten $\cdot\ 75 = 600$ Karten

600 Karten ist der Grundwert G für die folgenden Berechnungen.

$100\ \% \triangleq 600$ Karten

$1\ \% \triangleq 600$ Karten $: 100 = 6$ Karten

Karten zu je 20 €: 6 Karten · 40 = 240 Karten
Einnahmen: 240 · 20 € = 4 800 €

Karten zu je 25 €: 6 Karten · 30 = 180 Karten
Einnahmen: 180 · 25 € = 4 500 €

Karten zu je 30 €: 6 Karten · 30 = 180 Karten
Einnahmen: 180 · 30 € = 5 400 €

Gesamteinnahmen im Vorverkauf: 4 800 € + 4 500 € + 5 400 € = 14 700 €

87. Abgegebene Stimmen: 55 % von 9 500 Wahlberechtigten

$100\ \% \triangleq 9\,500$ Stimmen

$1\ \% \triangleq 9\,500$ Stimmen $: 100 = 95$ Stimmen

$55\ \% \triangleq 95$ Stimmen $\cdot\ 55 = 5\,225$ Stimmen

Um zu berechnen, wie viele Stimmen die einzelnen Kandidaten erhielten, muss man vom Grundwert G = 5 225 Stimmen ausgehen.

$100\ \% \triangleq 5\,225$ Stimmen

$1\ \% \triangleq 5\,225$ Stimmen $: 100 = 52{,}25$ Stimmen

Kandidat A erhielt 52,25 Stimmen · 28 = 1 463 Stimmen.
Kandidat B erhielt 52,25 Stimmen · 36 = 1 881 Stimmen.
Kandidat C erhielt 52,25 Stimmen · 32 = 1 672 Stimmen.

Ungültig waren (5 225 – 1 463 – 1 881 – 1 672) Stimmen = 209 Stimmen.

88. Anzahl der Auszubildenden im technischen Bereich:

$100\,\% \mathrel{\hat{=}} 14\,000$ Azubis
$1\,\% \mathrel{\hat{=}} 14\,000$ Azubis $: 100 = 140$ Azubis
$40\,\% \mathrel{\hat{=}} 140$ Azubis $\cdot 40 = 5\,600$ Azubis

Anzahl der Mädchen:

$100\,\% \mathrel{\hat{=}} 5\,600$ Azubis
$1\,\% \mathrel{\hat{=}} 5\,600$ Azubis $: 100 = 56$ Azubis
$45\,\% \mathrel{\hat{=}} 56$ Azubis $\cdot 45 = 2\,520$ Azubis

2 520 Mädchen wurden im technischen Bereich eingestellt.

89. Gesamtzahl der Mitglieder in einem Sportverein:

$100\,\% \mathrel{\hat{=}} 640$ SuS
$1\,\% \mathrel{\hat{=}} 640$ SuS $: 100 = 6{,}4$ SuS
$55\,\% \mathrel{\hat{=}} 6{,}4$ SuS $\cdot 55 = 352$ SuS

Mannschaftssportler:

$100\,\% \mathrel{\hat{=}} 352$ SuS
$1\,\% \mathrel{\hat{=}} 352$ SuS $: 100 = 3{,}52$ SuS
$75\,\% \mathrel{\hat{=}} 3{,}52$ SuS $\cdot 75 = 264$ SuS

264 Schülerinnen und Schüler betreiben einen Mannschaftssport.

90. Im ersten Rechenschritt ist der Grundwert G die gesamte Erdoberfläche von 510,1 Mio. km^2, der Prozentsatz ist p % = 29,2 %.
Der Prozentwert P ist gesucht.
Dieser ist im zweiten Rechenschritt der Grundwert G.
Für p % = 60 % ist wieder der Prozentwert zu bestimmen.

1. Möglichkeit: **Dreisatz**

$100\,\% \mathrel{\hat{=}} 510{,}1$ Mio. km^2
$1\,\% \mathrel{\hat{=}} 510{,}1$ Mio. $km^2 : 100 = 5{,}101$ Mio. km^2
$29{,}2\,\% \mathrel{\hat{=}} 5{,}101$ Mio. $km^2 \cdot 29{,}2 \approx 148{,}95$ Mio. km^2

$$100\,\% \mathrel{\hat{=}} 148{,}95 \text{ Mio. km}^2$$
$$1\,\% \mathrel{\hat{=}} 1{,}4895 \text{ Mio. km}^2$$
$$60\,\% \mathrel{\hat{=}} 1{,}4895 \text{ Mio. km}^2 \cdot 60 = 89{,}37 \text{ Mio. km}^2$$

2. Möglichkeit: **Formel**

Es gilt: $P = \frac{G \cdot p}{100}$

$$P = \frac{510{,}1 \cdot 29{,}2}{100} \text{ Mio. km}^2 \approx 148{,}95 \text{ Mio. km}^2$$

$$P = \frac{148{,}95 \cdot 60}{100} \text{ Mio. km}^2 = 89{,}37 \text{ Mio. km}^2$$

89,37 Mio. km^2 Land sind auf der Erde bewohnbar.

91. Zuerst müssen 29 % von 63,4 Millionen berechnet werden. Das Ergebnis gibt an, wie viele Deutsche innerhalb Deutschlands verreist sind.
Von diesem Ergebnis müssen dann 16 % bestimmt werden.

1. Möglichkeit: **Dreisatz**
Urlaub in Deutschland:

$$100\,\% \mathrel{\hat{=}} 63\,400\,000$$
$$1\,\% \mathrel{\hat{=}} 63\,400\,000 : 100 = 634\,000$$
$$29\,\% \mathrel{\hat{=}} 634\,000 \cdot 29 = 18\,386\,000$$

Alter zwischen 20 und 25 Jahren:

$$100\,\% \mathrel{\hat{=}} 18\,386\,000$$
$$1\,\% \mathrel{\hat{=}} 18\,386\,000 : 100 = 183\,860$$
$$16\,\% \mathrel{\hat{=}} 183\,860 \cdot 16 = 2\,941\,760 \approx 2{,}9 \text{ Mio.}$$

2. Möglichkeit: **Formel**

$$P = \frac{G \cdot p}{100} = \frac{63\,400\,000 \cdot 29}{100} = 18\,386\,000$$

$$P = \frac{G \cdot p}{100} = \frac{18\,386\,000 \cdot 16}{100} = 2\,941\,760 \approx 2{,}9 \text{ Mio.}$$

Etwa 2,9 Mio. Deutsche zwischen 20 und 25 Jahren machten im letzten Jahr ihre Urlaubsreise in Deutschland.

92. Du kannst entweder 5 % (15 %, 10 %) der jeweils im Vorjahr verkauften Dauerkarten ausrechnen und dann dazuzählen oder gleich 105 % (115 %, 110 %) der Anzahl der im Vorjahr verkauften Dauerkarten berechnen.

Jahr 2: G = 8 000 Karten, p % = 105 %

$100\,\% \mathrel{\hat{=}} 8\,000$ Karten

$1\,\% \mathrel{\hat{=}} 8\,000$ Karten $: 100 = 80$ Karten

$105\,\% \mathrel{\hat{=}} 80$ Karten $\cdot 105 = 8\,400$ Karten

Jahr 3: G = 8 400 Karten, p % = 115 %

$100\,\% \mathrel{\hat{=}} 8\,400$ Karten

$1\,\% \mathrel{\hat{=}} 8\,400$ Karten $: 100 = 84$ Karten

$115\,\% \mathrel{\hat{=}} 84$ Karten $\cdot 115 = 9\,660$ Karten

Jahr 4: G = 9 660 Karten, p % = 110 %

$100\,\% \mathrel{\hat{=}} 9\,660$ Karten

$1\,\% \mathrel{\hat{=}} 9\,660$ Karten $: 100 = 96{,}6$ Karten

$110\,\% \mathrel{\hat{=}} 96{,}6$ Karten $\cdot 110 = 10\,626$ Karten

Im 4. Jahr wurden 10 626 Karten verkauft.

93. 1. Preissenkung:
G = 2 198 €; der neue Preis beträgt 100 % – 15 % = 85 % des alten.
2. Preissenkung:
G = Preis nach der ersten Preissenkung (der jetzt 100 % entspricht); neuer Preis = 100 % – 12 % = 88 % des alten.

1. Möglichkeit: **Dreisatz**
1. Preissenkung:

$100\,\% \mathrel{\hat{=}} 2\,198\,€$

$1\,\% \mathrel{\hat{=}} 2\,198\,€ : 100 = 21{,}98\,€$

$85\,\% \mathrel{\hat{=}} 21{,}98\,€ \cdot 85 = 1\,868{,}30\,€$

2. Preissenkung:

$100\,\% \mathrel{\hat{=}} 1\,868{,}30\,€$

$1\,\% \mathrel{\hat{=}} 1\,868{,}30\,€ : 100 = 18{,}683\,€$

$88\,\% \mathrel{\hat{=}} 18{,}683\,€ \cdot 88 \approx 1\,644{,}10\,€$

2. Möglichkeit: **Formel**

1. Preissenkung:

$$P = \frac{G \cdot p}{100} = \frac{2\,198 \cdot 85}{100} € = 186\,830\ € : 100 = 1\,868{,}30\ €$$

2. Preissenkung:

$$P = \frac{G \cdot p}{100} = \frac{1\,868{,}30 \cdot 88}{100} € \approx 1\,644{,}10\ €$$

Der Computer kostet nach der zweiten Preissenkung 1 644,10 €.

94. Die Fläche des Winterweizens von 201 780 ha entspricht 38 % der gesamten Getreideanbaufläche.

1. Möglichkeit: **Rechnen mit der Gesamtfläche**
Gesamtfläche:

$38\ \% \mathrel{\hat{=}} 201\,780$ ha

$1\ \% \mathrel{\hat{=}} 201\,780 \text{ ha} : 38 = 5\,310$ ha

$100\ \% \mathrel{\hat{=}} 5\,310 \text{ ha} \cdot 100 = 531\,000$ ha

Fläche der Sommergerste:

$100\ \% \mathrel{\hat{=}} 531\,000$ ha

$1\ \% \mathrel{\hat{=}} 531\,000 \text{ ha} : 100 = 5\,310$ ha

$21\ \% \mathrel{\hat{=}} 5\,310 \text{ ha} \cdot 21 = 111\,510$ ha

2. Möglichkeit: **Direkte Berechnung**

$38\ \% \mathrel{\hat{=}} 201\,780$ ha

$1\ \% \mathrel{\hat{=}} 201\,780 \text{ ha} : 38 = 5\,310$ ha

$21\ \% \mathrel{\hat{=}} 5\,310 \text{ ha} \cdot 21 = 111\,510$ ha

Sommergerste wird auf 111 510 ha angebaut.

95. Insgesamt fühlen sich Deutschland, Österreich und die Schweiz für den ganzen Bodensee verantwortlich, also für 100 % der Seefläche.
Auf die Schweiz entfallen dabei $100\ \% - 11{,}2\ \% - 56{,}7\ \% = 32{,}1\ \%$.
Dies sind 173 km^2.

Du kennst damit also den Prozentwert $P = 173\ km^2$ und den Prozentsatz $p\ \% = 32{,}1\ \%$. Gesucht ist der Grundwert.

1. Möglichkeit: **Dreisatz**

$$32{,}1\,\% \mathrel{\hat{=}} 173\text{ km}^2$$

$$1\,\% \mathrel{\hat{=}} \frac{173}{32{,}1}\text{ km}^2$$

$$100\,\% \mathrel{\hat{=}} \frac{173 \cdot 100}{32{,}1}\text{ km}^2 \approx 539\text{ km}^2$$

2. Möglichkeit: **Formel**

$$G = \frac{P \cdot 100}{G} = \frac{173 \cdot 100}{32{,}1}\text{km}^2 \approx 539\text{ km}^2$$

Der Bodensee hat eine Gesamtfläche von etwa 539 km^2.

96. $\frac{2}{5} = 40\,\%$

Der prozentuale Anteil der dritten Person beträgt
$100\,\% - 40\,\% - 15\,\% = 45\,\%$.

$$45\,\% \mathrel{\hat{=}} 9\,000\text{ €}$$

$$1\,\% \mathrel{\hat{=}} 9\,000\text{ €} : 45 = 200\text{ €}$$

$$100\,\% \mathrel{\hat{=}} 200\text{ €} \cdot 100 = 20\,000\text{ €}$$

Der Gewinn betrug 20 000 €.

97. Im Jahr verbraucht eine Person $12 \cdot 3\,600\ \ell$ Wasser $= 43\,200\ \ell$.
Davon werden laut Diagramm $30\,\% + 6\,\% = 36\,\%$ für Baden, Duschen und Körperpflege verwendet.

1. Möglichkeit: **Dreisatz**

$$100\,\% \mathrel{\hat{=}} 43\,200\ \ell$$

$$1\,\% \mathrel{\hat{=}} 43\,200\ \ell : 100 = 432\ \ell$$

$$36\,\% \mathrel{\hat{=}} 432\ \ell \cdot 36 = 15\,552\ \ell$$

2. Möglichkeit: **Formel**

$$P = \frac{G \cdot p}{100} = \frac{43\,200 \cdot 36}{100}\ \ell = 15\,552\ \ell$$

Für Baden, Duschen und Körperpflege verbraucht eine Person jährlich 15 552 Liter Wasser.

98. Alkoholische Getränke sind:

	Spirituosen	5 ℓ
+	Wein / Schaumwein	24 ℓ
+	Bier	102 ℓ
	Gesamt	131 ℓ

Der Grundwert G ist der Gesamtverbrauch von 762 ℓ, der Prozentwert P sind die verbrauchten 131 ℓ Alkoholika. Gesucht ist der Prozentsatz.

1. Möglichkeit: **Dreisatz**

$$762\,\ell \mathrel{\hat{=}} 100\,\%$$

$$1\,\ell \mathrel{\hat{=}} \frac{100}{762}\,\%$$

$$131\,\ell \mathrel{\hat{=}} \frac{131 \cdot 100}{762}\,\% \approx 17{,}2\,\%$$

2. Möglichkeit: **Formel**

$$p\,\% = \frac{P \cdot 100}{G}\,\% = \frac{131 \cdot 100}{762}\,\% \approx 17{,}2\,\%$$

17,2 % entfallen auf alkoholische Getränke.

99. Am Dienstag wurde am wenigsten, am Samstag am meisten eingenommen.

Einnahmen am Dienstag:

1. Möglichkeit: **Dreisatz**

$$100\,\% \mathrel{\hat{=}} 234\,500\,€$$

$$1\,\% \mathrel{\hat{=}} 234\,500\,€ : 100 = 2\,345\,€$$

$$12{,}9\,\% \mathrel{\hat{=}} 2\,345\,€ \cdot 12{,}9 = 30\,250{,}50\,€$$

2. Möglichkeit: **Formel**

$$P = \frac{G \cdot p}{100} = \frac{234\,500 \cdot 12{,}9}{100}\,€ = 30\,250{,}50\,€$$

Einnahmen am Samstag:

1. Möglichkeit: **Dreisatz**

$$100\,\% \mathrel{\hat{=}} 234\,500\,€$$

$$1\,\% \mathrel{\hat{=}} 2\,345\,€$$

$$26{,}1\,\% \mathrel{\hat{=}} 2\,345\,€ \cdot 26{,}1 = 61\,204{,}50\,€$$

2. Möglichkeit: **Formel**

$$P = \frac{G \cdot p}{100} = \frac{234\,500 \cdot 26{,}1}{100}\,€ = 61\,204{,}50\,€$$

Unterschied:
61 204,50 € – 30 250,50 € = 30 954 €

Am Samstag wurden 30 954 € mehr eingenommen als am Dienstag.

100. Zunächst ist die Einsparung in Liter Heizöl zu berechnen. Der Grundwert G (100 %) ist 4 350 ℓ. Der Prozentsatz p % beträgt 28 %. Gesucht ist der Prozentwert P.

1. Möglichkeit: **Dreisatz**

$$100\,\% \mathrel{\hat{=}} 4\,350\,\ell$$
$$1\,\% \mathrel{\hat{=}} 4\,350\,\ell : 100 = 43{,}5\,\ell$$
$$28\,\% \mathrel{\hat{=}} 43{,}5\,\ell \cdot 28 = 1\,218\,\ell$$

2. Möglichkeit: **Formel**

$$P = \frac{G \cdot p}{100} = \frac{4\,350 \cdot 28}{100}\,\ell = 1\,218\,\ell$$

Einsparung in Euro: 1 218 · 86,5 ct = 105 357 ct = 1 053,57 €

Es werden jährlichen 1 053,57 € eingespart.

101. 52 Hefte im Abonnement kosten 176,80 €.
Dann kostet ein Abo-Heft 176,80 € : 52 = 3,40 €. Die Ersparnis beträgt also 4 € – 3,40 € = 0,60 € (Prozentwert P) von 4 € (Grundwert G).

1. Möglichkeit: **Dreisatz**

$$4{,}00\,€ \mathrel{\hat{=}} 100\,\%$$
$$1\,€ \mathrel{\hat{=}} 100\,\% : 4 = 25\,\%$$
$$0{,}60\,€ \mathrel{\hat{=}} 25\,\% \cdot 0{,}60 = 15\,\%$$

2. Möglichkeit: **Formel**

$$p\,\% = \frac{P \cdot 100}{G}\,\% = \frac{0{,}60 \cdot 100}{4}\,\% = 15\,\%$$

Man spart mit diesem Angebot 15 % im Vergleich zum Kauf am Kiosk.

102. Grundwert G ist die Summe aller gegebenen Landflächen:
$G = (10 + 30 + 44 + 9 + 14 + 24 + 18)$ Mio. km^2 = 149 Mio. km^2

Prozentwert P ist die Fläche Europas: P = 10 Mio. km^2

1. Möglichkeit: **Dreisatz**

$$149\text{ Mio. km}^2 \mathrel{\hat{=}} 100\,\%$$

$$1\text{ Mio. km}^2 \mathrel{\hat{=}} \frac{100}{149}\,\%$$

$$10\text{ Mio. km}^2 \mathrel{\hat{=}} \frac{100\cdot 10}{149}\,\% \approx 6{,}7\,\%$$

2. Möglichkeit: **Formel**

$$p\,\% = \frac{P\cdot 100}{G}\,\% = \frac{10\cdot 100}{149}\,\% \approx 6{,}7\,\%$$

6,7 % der Landfläche der Erde entfallen auf Europa.

103. Der ursprüngliche Preis, der 100 % entsprach, wurde um 15 % gesenkt. Der neue Preis 1 581 € entspricht also 85 % des alten. Berechnet werden soll die Preissenkung in €.

$$85\,\% \mathrel{\hat{=}} 1\,581\text{ €}$$

$$1\,\% \mathrel{\hat{=}} 1\,581\text{ €} : 85 = 18{,}60\text{ €}$$

$$15\,\% \mathrel{\hat{=}} 18{,}60\text{ €}\cdot 15 = 279\text{ €}$$

Der Preis wurde um 279 € gesenkt.

104. Der ursprüngliche Preis, der 100 % entsprach, wurde um 12 % gesenkt. Der neue Preis 11 € entspricht also 88 % des alten. Berechnet werden soll die Preissenkung in €.

$$88\,\% \mathrel{\hat{=}} 11\text{ €}$$

$$1\,\% \mathrel{\hat{=}} 11\text{ €} : 88 = 0{,}125\text{ €}$$

$$100\,\% \mathrel{\hat{=}} 0{,}125\text{ €}\cdot 100 = 12{,}50\text{ €}$$

Das Spielzeugauto kostete vorher 12,50 €.

105. In absoluten Zahlen ging der Pro-Kopf-Verbrauch an Kartoffeln um 271,1 kg − 72,3 kg = 198,8 kg zurück. Dies ist der Prozentwert P. Grundwert G sind die 271,1 kg aus dem Jahr 1900.

1. Möglichkeit: **Dreisatz**

$$271{,}1\text{ kg} \mathrel{\hat{=}} 100\,\%$$

$$1\text{ kg} \mathrel{\hat{=}} \frac{100}{271{,}1}\,\%$$

$$198{,}8\text{ kg} \mathrel{\hat{=}} \frac{100\cdot 198{,}8}{271{,}1}\,\% \approx 73{,}3\,\%$$

2. Möglichkeit: **Formel**

$$p\,\% = \frac{P \cdot 100}{G}\,\% = \frac{198{,}8 \cdot 100}{271{,}1}\,\% \approx 73{,}3\,\%$$

In den 100 Jahren ging der Pro-Kopf-Verbrauch um 73,3 % zurück.

106. a) $100\,\% \mathrel{\hat{=}} 4\,800\,€$
$1\,\% \mathrel{\hat{=}} 4\,800\,€ : 100 = 48\,€$
$4\,\% \mathrel{\hat{=}} 48\,€ \cdot 4 = 192\,€$

b) $100\,\% \mathrel{\hat{=}} 80\,000\,€$
$1\,\% \mathrel{\hat{=}} 80\,000\,€ : 100 = 800\,€$
$5\,\% \mathrel{\hat{=}} 800\,€ \cdot 5 = 4\,000\,€$

107. Zwischen Kapital, Zinssatz, Zeit und Zinsen bestehen jeweils proportionale Beziehungen. Das bedeutet z. B.,
- dass sich die Zinsen verdoppeln, wenn sich das Kapital verdoppelt und Zinssatz und Zeit gleich bleiben und
- dass sich die Zinsen verdreifachen, wenn sich die Zeit verdreifacht und Kapital und Zinssatz gleich bleiben.

a) Jahreszinsen: $15\,000\,€ \cdot 0{,}07 = 1\,050\,€$; Zinsen: $1\,050\,€ : 12 \cdot 2 = 175\,€$

b) doppeltes Kapital → Zinsen: $175\,€ \cdot 2 = 350\,€$

c) doppelter Zinssatz → Zinsen: $175\,€ \cdot 2 = 350\,€$

d) halber Zinssatz → Zinsen: $175\,€ : 2 = 87{,}50\,€$

e) doppelte Zeit → Zinsen: $175\,€ \cdot 2 = 350\,€$

f) doppelter Zinssatz und halbe Zeit → Zinsen: 175 €

108. Jahreszinsen:
$100\,\% \mathrel{\hat{=}} 2\,000\,€$
$1\,\% \mathrel{\hat{=}} 20\,€$
$12\,\% \mathrel{\hat{=}} 240\,€$

Zinsen:
12 Monate $\mathrel{\hat{=}} 240\,€$
1 Monat $\mathrel{\hat{=}} 20\,€$
2 Monate $\mathrel{\hat{=}} 40\,€$

Er muss 40 € Zinsen bezahlen.

109. $\frac{3}{4}$ Jahr $\rightarrow$ 12 Monate : $4 \cdot 3 = 9$ Monate

Jahreszinsen:

$$\begin{aligned} 9 \text{ Monate} &\mathrel{\hat{=}} 12\,000\text{ €} \\ 1 \text{ Monat} &\mathrel{\hat{=}} \frac{12\,000}{9}\text{ €} \\ 12 \text{ Monate} &\mathrel{\hat{=}} \frac{12\,000 \cdot 12}{9}\text{ €} = 16\,000\text{ €} \end{aligned}$$

Kapital:

$$\begin{aligned} 4\,\% &\mathrel{\hat{=}} 16\,000\text{ €} \\ 1\,\% &\mathrel{\hat{=}} 4\,000\text{ €} \\ 100\,\% &\mathrel{\hat{=}} 400\,000\text{ €} \end{aligned}$$

Der Gewinn betrug 400 000 €.

110. Zinssatz p % = 4 %, Zinsen Z = 10 €, Zeit t = 1 Tag, Kapital K = ?

1. Möglichkeit: **Dreisatz**

Jahreszinsen (das Zinsjahr hat 360 Tage!):

$$\begin{aligned} 1 \text{ Tag} &\mathrel{\hat{=}} 10\text{ €} \\ 360 \text{ Tage} &\mathrel{\hat{=}} 10\text{ €} \cdot 360 = 3\,600\text{ €} \end{aligned}$$

Kapital:

$$\begin{aligned} 4\,\% &\mathrel{\hat{=}} 3\,600\text{ €} \\ 1\,\% &\mathrel{\hat{=}} 3\,600\text{ €} : 4 = 900\text{ €} \\ 100\,\% &\mathrel{\hat{=}} 900\text{ €} \cdot 100 = 90\,000\text{ €} \end{aligned}$$

2. Möglichkeit: **Formel**

$$K = \frac{Z \cdot 100 \cdot 360}{p \cdot t} = \frac{10 \cdot 100 \cdot 360}{4 \cdot 1}\text{ €} = \frac{10 \cdot 100 \cdot 90}{1 \cdot 1}\text{ €} = 90\,000\text{ €}$$

111. a)

$$\begin{aligned} 3\,\% &\mathrel{\hat{=}} 486\text{ €} \\ 1\,\% &\mathrel{\hat{=}} 486\text{ €} : 3 = 162\text{ €} \\ 100\,\% &\mathrel{\hat{=}} 162\text{ €} \cdot 100 = 16\,200\text{ €} \end{aligned}$$

b) Jahreszinsen:

$$\begin{aligned} 8 \text{ Monate} &\mathrel{\hat{=}} 330\text{ €} \\ 1 \text{ Monat} &\mathrel{\hat{=}} 330\text{ €} : 8 = 41{,}25\text{ €} \\ 12 \text{ Monate} &\mathrel{\hat{=}} 41{,}25\text{ €} \cdot 12 = 495\text{ €} \end{aligned}$$

Kapital:

$3{,}5\ \% \mathrel{\hat{=}} 495\ €$

$1\ \% \mathrel{\hat{=}} 495\ € : 3{,}5 \approx 141{,}4286\ €$

$100\ \% \mathrel{\hat{=}} 141{,}4286\ € \cdot 100 = 14\,142{,}86\ €$

c) Jahreszinsen:

$235 \text{ Tage} \mathrel{\hat{=}} 9\,400\ €$

$1 \text{ Tag} \mathrel{\hat{=}} 9\,400\ € : 235 = 40\ €$

$360 \text{ Tage} \mathrel{\hat{=}} 40\ € \cdot 360 = 14\,400\ €$

Kapital:

$2{,}25\ \% \mathrel{\hat{=}} 14\,400\ €$

$1\ \% \mathrel{\hat{=}} 14\,400\ € : 2{,}25 = 6\,400\ €$

$100\ \% \mathrel{\hat{=}} 6\,400\ € \cdot 100 = 640\,000\ €$

112. a) $17\,500\ € \mathrel{\hat{=}} 100\ \%$

$$1\ € \mathrel{\hat{=}} \frac{100}{17\,500}\ \%$$

$$962{,}50\ € \mathrel{\hat{=}} \frac{100 \cdot 962{,}50}{17\,500}\ \% = 5{,}5\ \%$$

b) Jahreszinsen:

$\frac{1}{3} \text{ Jahr} \mathrel{\hat{=}} 5{,}38\ €$

$1 \text{ Jahr} \mathrel{\hat{=}} 5{,}38\ € \cdot 3 = 16{,}14\ €$

Zinssatz:

$134{,}50\ € \mathrel{\hat{=}} 100\ \%$

$$1\ € \mathrel{\hat{=}} \frac{100}{134{,}50}\ \%$$

$$16{,}14\ € \mathrel{\hat{=}} \frac{100 \cdot 16{,}14}{134{,}50}\ \% = 12\ \%$$

c) Jahreszinsen:

$190 \text{ Tage} \mathrel{\hat{=}} 17{,}10\ €$

$1 \text{ Tag} \mathrel{\hat{=}} 17{,}10\ € : 190 = 0{,}09\ €$

$360 \text{ Tage} \mathrel{\hat{=}} 0{,}09\ € \cdot 360 = 32{,}40\ €$

Zinssatz:

$$1\,080\,€ \mathrel{\hat{=}} 100\,\%$$

$$1\,€ \mathrel{\hat{=}} \frac{100}{1\,080}\,\%$$

$$32{,}40\,€ \mathrel{\hat{=}} \frac{100 \cdot 32{,}40}{1\,080}\,\% = 3\,\%$$

113. a) $180\,€ \mathrel{\hat{=}} 360$ Tage

$$1\,€ \mathrel{\hat{=}} 360 \text{ Tage} : 180 = 2 \text{ Tage}$$

$$60\,€ \mathrel{\hat{=}} 2 \text{ Tage} \cdot 60 = 120 \text{ Tage} = 4 \text{ Monate}$$

b) Jahreszinsen:

$$100\,\% \mathrel{\hat{=}} 72\,000\,€$$

$$1\,\% \mathrel{\hat{=}} 72\,000\,€ : 100 = 720\,€$$

$$3{,}5\,\% \mathrel{\hat{=}} 720\,€ \cdot 3{,}5 = 2\,520\,€$$

Zeit:

$$2\,520\,€ \mathrel{\hat{=}} 360 \text{ Tage}$$

$$1\,€ \mathrel{\hat{=}} \frac{360}{2\,520} \text{ Tage}$$

$$1\,890\,€ \mathrel{\hat{=}} \frac{360 \cdot 1\,890}{2\,520} \text{ Tage} = 270 \text{ Tage} = 9 \text{ Monate}$$

c) Jahreszinsen:

$$100\,\% \mathrel{\hat{=}} 5\,760\,€$$

$$1\,\% \mathrel{\hat{=}} 5\,760\,€ : 100 = 57{,}60\,€$$

$$3\,\% \mathrel{\hat{=}} 57{,}60\,€ \cdot 3 = 172{,}80\,€$$

Zeit:

$$172{,}80\,€ \mathrel{\hat{=}} 360 \text{ Tage}$$

$$1\,€ \mathrel{\hat{=}} \frac{360}{172{,}80} \text{ Tage}$$

$$96\,€ \mathrel{\hat{=}} \frac{360 \cdot 96}{172{,}80} \text{ Tage} = 200 \text{ Tage}$$

114. K = 920 €, t = 90 Tage, Z = 4,60 €

$$p\,\% = \frac{Z \cdot 100 \cdot 360}{K \cdot t}\,\% = \frac{4,60 \cdot 100 \cdot 360}{920 \cdot 90}\,\% = 2\,\%$$

115. K = 8 640 €, p % = 1,75 %, Z = 39,90 €

$$t = \frac{Z \cdot 100 \cdot 360}{K \cdot p} = \frac{39,90 \cdot 100 \cdot 360}{8\,640 \cdot 1,75}\ \text{Tage} = 95\ \text{Tage}$$

116. Bei der Ratenzahlung kostet die Waschmaschine 8 · 135 € = 1 080 €.
Das sind 1 080 € – 999 € = 81 € mehr als bei Barzahlung.

Damit ist K = 999 €, t = 8 Monate, Z = 81 €.

$$p\,\% = \frac{Z \cdot 100 \cdot 12}{K \cdot t}\,\% = \frac{81 \cdot 100 \cdot 12}{999 \cdot 8}\,\% = 12{,}16\ldots\,\% \approx 12{,}2\,\%$$

Der Zinssatz beträgt 12,2 %.

117. Zinsen Z = 37 900 € – 36 000 € = 1 900 €, p % = 9,5 %, K = 36 000 €

$$t = \frac{Z \cdot 100 \cdot 360}{K \cdot p} = \frac{1\,900 \cdot 100 \cdot 360}{36\,000 \cdot 9,5}\ \text{Tage} = 200\ \text{Tage}$$

Das Darlehen lief 200 Tage.

118. Herr Wolny muss 33 350 € – 15 000 € – 8 500 € = 9 850 € bei der Bank leihen. Damit ist K = 9 850 €, p % = 10,5 %, t = 9 Monate.

$$Z = \frac{K \cdot p \cdot t}{100 \cdot 12} = \frac{9\,850 \cdot 10,5 \cdot 9}{100 \cdot 12}\ € = 775,6875\ € \approx 775,69\ €$$

Herr Wolny muss 9 850 € + 775,69 € = 10 625,69 € zurückzahlen.

119. a) Mieteinnahmen im Jahr: 600 € · 12 = 7 200 €
Zinssatz:
225 000 € ≙ 100 %

$$1\ € \mathrel{\hat{=}} \frac{100}{225\,000}\,\% = \frac{1}{2\,250}\,\%$$

$$7\,200\ € \mathrel{\hat{=}} \frac{7\,200}{2\,250}\,\% = 3,2\,\%$$

Die Mieteinnahmen entsprechen einem Zinssatz von 3,2 %.

b) Zinsen bei einem Zinssatz von 6 %:

$100\,\% \mathrel{\hat{=}} 225\,000\text{ €}$

$1\,\% \mathrel{\hat{=}} 225\,000\text{ €} : 100 = 2\,250\text{ €}$

$6\,\% \mathrel{\hat{=}} 2\,250\text{ €} \cdot 6 = 13\,500\text{ €}$

Man erhält 13 500 € Zinsen.

120. Zinsen für das Bauspardarlehen:

$100\,\% \mathrel{\hat{=}} 120\,000\text{ €}$

$1\,\% \mathrel{\hat{=}} 1\,200\text{ €}$

$5{,}5\,\% \mathrel{\hat{=}} 6\,600\text{ €}$

Zinsen für das Bankdarlehen:

$11\,850\text{ €} - 6\,600\text{ €} = 5\,250\text{ €}$

Damit ist Z = 5 250 € und K = 50 000 €.

$50\,000\text{ €} \mathrel{\hat{=}} 100\,\%$

$1\text{ €} \mathrel{\hat{=}} 100\,\% : 50\,000 = 0{,}002\,\%$

$5\,250\text{ €} \mathrel{\hat{=}} 0{,}002\,\% \cdot 5\,250 = 10{,}5\,\%$

Der Zinssatz für das Bankdarlehen beträgt 10,5 %.

121. Die Zinsen Z in einem halben Jahr belaufen sich auf:

$2\,000\text{ €} - 1\,927{,}71\text{ €} = 72{,}29\text{ €}$

1. Möglichkeit: **Dreisatz**

Jahreszinsen:

$6\text{ Monate} \mathrel{\hat{=}} 72{,}29\text{ €}$

$12\text{ Monate} \mathrel{\hat{=}} 72{,}29\text{ €} \cdot 2 = 144{,}58\text{ €}$

Zinssatz:

$1\,927{,}71\text{ €} \mathrel{\hat{=}} 100\,\%$

$$1\text{ €} \mathrel{\hat{=}} \frac{100}{1\,927{,}71}\,\%$$

$$144{,}58\text{ €} \mathrel{\hat{=}} \frac{100 \cdot 144{,}58}{1\,927{,}71}\,\% \approx 7{,}5\,\%$$

2. Möglichkeit: **Formel**

Z = 72,29 €, K = 1 927,71 €, t = 6 Monate

$$p\,\% = \frac{Z \cdot 100 \cdot 12}{K \cdot t}\,\% = \frac{72{,}29 \cdot 100 \cdot 12}{1\,927{,}71 \cdot 6}\,\% = \frac{86\,748}{11\,566{,}26}\,\% \approx 7{,}5\,\%$$

Das Kapital wird zu einem Zinssatz von 7,5 % verzinst.

122. Zinsen auf dem Konto:

1. Möglichkeit: **Dreisatz**

Jahreszinsen:

$$100\ \% \triangleq 1\,224{,}74\ €$$

$$1\ \% \triangleq \frac{1\,224{,}74}{100}\ €$$

$$0{,}5\ \% \triangleq \frac{1\,224{,}74 \cdot 0{,}5}{100}\ € \approx 6{,}12\ €$$

Zinsen in 6,5 Monaten:

$$12\text{ Monate} \triangleq 6{,}12\ €$$

$$1\text{ Monat} \triangleq \frac{6{,}12}{12}\ €$$

$$6{,}5\text{ Monate} \triangleq \frac{6{,}12 \cdot 6{,}5}{12}\ € \approx 3{,}32\ €$$

2. Möglichkeit: **Formel**

$$Z = \frac{K \cdot p \cdot t}{100 \cdot 12} = \frac{1\,224{,}74 \cdot 0{,}5 \cdot 6{,}5}{100 \cdot 12}\ € \approx 3{,}32\ €$$

Zinsen für das Depot:

1. Möglichkeit: **Dreisatz**

Jahreszinsen:

$$100\ \% \triangleq 1\,224{,}74\ €$$

$$1\ \% \triangleq \frac{1\,224{,}74}{100}\ €$$

$$2{,}25\ \% \triangleq \frac{1\,224{,}74 \cdot 2{,}25}{100}\ € \approx 27{,}56\ €$$

Zinsen in 6,5 Monaten:

$$12\text{ Monate} \triangleq 27{,}56\ €$$

$$1\text{ Monat} \triangleq \frac{27{,}56}{12}\ €$$

$$6{,}5\text{ Monate} \triangleq \frac{27{,}56 \cdot 6{,}5}{12}\ € \approx 14{,}93\ €$$

2. Möglichkeit: **Formel**

$$Z = \frac{K \cdot p \cdot t}{100 \cdot 12} = \frac{1\,224{,}74 \cdot 2{,}25 \cdot 6{,}5}{100 \cdot 12}\ € \approx 14{,}93\ €$$

Unterschied:
$14{,}93\text{ €} - 3{,}32\text{ €} = 11{,}61\text{ €}$

Der Zinsunterschied zwischen Konto und Depot beträgt 11,61 €.

Es gibt eine **weitere**, sehr elegante **Lösungsmöglichkeit**:
Da für beide Möglichkeiten das Kapital K = 1 224,74 € und der Zeitraum t = 6,5 Monate gleich sind, kann man den Unterschied der Zinssätze bilden.

Es ist also:
$K = 1\,224{,}74\text{ €};\ p\,\% = 2{,}25\,\% - 0{,}5\,\% = 1{,}75\,\%;\ t = 6{,}5$ Monate

$$Z = \frac{K \cdot p \cdot t}{100 \cdot 12} = \frac{1\,224{,}74 \cdot 1{,}75 \cdot 6{,}5}{100 \cdot 12}\text{ €} \approx 11{,}61\text{ €}$$

123. Wenn die Jahreszinsen bekannt sind, wird die Zinsrechnung zur Prozentrechnung.

Die Mieteinnahmen betragen im Jahr:
$2\,220\text{ €} \cdot 12 = 26\,640\text{ €}$ (Prozentwert P).
Der Prozentsatz beträgt $p\,\% = 4{,}5\,\%$, gesucht ist der Grundwert G.

1. Möglichkeit: **Dreisatz**

$$4{,}5\,\% \mathrel{\hat{=}} 26\,640\text{ €}$$
$$1\,\% \mathrel{\hat{=}} 26\,640\text{ €} : 4{,}5 = 5\,920\text{ €}$$
$$100\,\% \mathrel{\hat{=}} 5\,920\text{ €} \cdot 100 = 592\,000\text{ €}$$

2. Möglichkeit: **Formel**

$$G = \frac{P \cdot 100}{p} = \frac{26\,640 \cdot 100}{4{,}5}\text{ €} = 592\,000\text{ €}$$

Das Haus hat einen Wert von 592 000 €.

124. Bei der Hansen-Bank erhält Herr Bäuerle im Jahr $2\,437{,}50\text{ €} \cdot 4 = 9\,750\text{ €}$ Zinsen. Der Zinssatz $p\,\%$ beträgt 6,5 %.

Berechnet wird das angelegte Kapital K. (Da die Jahreszinsen schon bekannt sind, sind das Kapital K und der Grundwert G identisch.)

1. Möglichkeit: **Dreisatz**

$$6{,}5\,\% \mathrel{\hat{=}} 9\,750\text{ €}$$
$$1\,\% \mathrel{\hat{=}} 9\,750\text{ €} : 6{,}5 = 1\,500\text{ €}$$
$$100\,\% \mathrel{\hat{=}} 1\,500\text{ €} \cdot 100 = 150\,000\text{ €}$$

2. Möglichkeit: **Formel**

$$G = \frac{P \cdot 100}{p} = \frac{9\,750 \cdot 100}{6{,}5} € = 150\,000 €$$

Jahreszinsen bei der Mega-Bank: 610 € · 12 = 7 320 €

1. Möglichkeit: **Dreisatz**

$5\,\% \mathrel{\hat{=}} 7\,320\,€$

$1\,\% \mathrel{\hat{=}} 7\,320\,€ : 5 = 1\,464\,€$

$100\,\% \mathrel{\hat{=}} 1\,464\,€ \cdot 100 = 146\,400\,€$

2. Möglichkeit: **Formel**

$$G = \frac{P \cdot 100}{p} = \frac{7\,320 \cdot 100}{5} € = 146\,400 €$$

Gesamte Geldanlage:
150 000 € + 146 400 € = 296 400 €

Herr Bäuerle hat insgesamt 296 400 € angelegt.

125. Bank A

Da der Grundwert G für die 6 % Zinsen und die 0,5 % Bearbeitungsgebühr gleich ist, nämlich 265 000 €, dürfen die Prozentsätze addiert werden.

1. Möglichkeit: **Dreisatz**

$100\,\% \mathrel{\hat{=}} 265\,000\,€$

$1\,\% \mathrel{\hat{=}} 265\,000\,€ : 100 = 2\,650\,€$

$6{,}5\,\% \mathrel{\hat{=}} 2\,650\,€ \cdot 6{,}5 = 17\,225\,€$

2. Möglichkeit: **Formel**

$$P = \frac{G \cdot p}{100} = \frac{265\,000 \cdot 6{,}5}{100} € = 17\,225 €$$

Bank B

1. Möglichkeit: **Dreisatz**

$100\,\% \mathrel{\hat{=}} 265\,000\,€$

$1\,\% \mathrel{\hat{=}} 265\,000\,€ : 100 = 2\,650\,€$

$5{,}7\,\% \mathrel{\hat{=}} 2\,650\,€ \cdot 5{,}7 = 15\,105\,€$

2. Möglichkeit: **Formel**

$$P = \frac{G \cdot p}{100} = \frac{265\,000 \cdot 5{,}7}{100} € = 15\,105 €$$

Dazu kommt die Bearbeitungsgebühr:
$15\,105\text{ €} + 1\,800\text{ €} = 16\,905\text{ €}$

Das Angebot von Bank B ist günstiger.
Insgesamt muss das Busunternehmen $265\,000\text{ €} + 16\,905\text{ €} = 281\,905\text{ €}$ zurückzahlen, wenn es das günstigere Angebot wählt.

126. In einem ersten Schritt musst du die Zinsen berechnen.
Das Kapital K beträgt 2 500 000 €, der Zinssatz p % ist 8,25 %.

1. Möglichkeit: **Dreisatz**

$$100\,\% \triangleq 2\,500\,000\text{ €}$$
$$1\,\% \triangleq 2\,500\,000\text{ €} : 100 = 25\,000\text{ €}$$
$$8{,}25\,\% \triangleq 25\,000\text{ €} \cdot 8{,}25 = 206\,250\text{ €}$$

2. Möglichkeit: **Formel**

$$P = \frac{G \cdot p}{100} = \frac{2\,500\,000 \cdot 8{,}25}{100}\text{ €} = 206\,250\text{ €}$$

Die Stadt erhält $\frac{2}{5} = 40\,\%$ der Zinsen, die Kirchengemeinde 24 % der Zinsen, zusammen sind dies 64 % der Zinsen.

1. Möglichkeit: **Dreisatz**

$$100\,\% \triangleq 206\,250\text{ €}$$
$$1\,\% \triangleq 206\,250\text{ €} : 100 = 2\,062{,}50\text{ €}$$
$$64\,\% \triangleq 2\,062{,}50\text{ €} \cdot 64 = 132\,000\text{ €}$$

2. Möglichkeit: **Formel**

$$P = \frac{G \cdot p}{100} = \frac{206\,250 \cdot 64}{100}\text{ €} = 132\,000\text{ €}$$

Der Tierschutzbund erhält also
$206\,250\text{ €} - 132\,000\text{ €} - 45\,000\text{ €} = 29\,250\text{ €}$.

127. a) Kapital nach dem 1. Jahr:
$1\,000\text{ €} \cdot 1{,}05 = 1\,050\text{ €}$

Kapital nach dem 2. Jahr:
$1\,050\text{ €} \cdot 1{,}05 = 1\,102{,}50\text{ €}$

b) Kapital nach dem 1. Jahr:
$15\,000\text{ €} \cdot 1{,}075 = 16\,125\text{ €}$

Kapital nach dem 2. Jahr:
$16\,125\text{ €} \cdot 1{,}075 = 17\,334{,}375\text{ €} \approx 17\,334{,}38\text{ €}$

128. Kapital nach einem Jahr:
$K_1 = 25\,000\,€ \cdot 1{,}02 = 25\,500\,€$

Kapital nach zwei Jahren:
$K_2 = 25\,500\,€ \cdot 1{,}03 = 26\,265\,€$

Kapital nach drei Jahren:
$K_3 = 26\,265\,€ \cdot 1{,}035 \approx 27\,184{,}28\,€$

129. a)
$$\begin{aligned} 8\,000\,€ &\mathrel{\hat{=}} 100\,\% \\ 1\,€ &\mathrel{\hat{=}} 100\,\% : 8\,000 = 0{,}0125\,\% \\ 360\,€ &\mathrel{\hat{=}} 0{,}0125\,\% \cdot 360 = 4{,}5\,\% \end{aligned}$$

Der Zinssatz im ersten Jahr beträgt 4,5 %.

b) $K = 8\,360\,€$, $p\,\% = 5\,\%$

Kapital nach zwei Jahren:
$K_2 = 8\,360\,€ \cdot 1{,}05 = 8\,778\,€$

Nach dem zweiten Jahr beträgt das Kapital 8 778 €.

130. Angebot Bank A:
1. Möglichkeit: **Dreisatz**

Das jeweils neue Kapital einschließlich Zinsen kannst du berechnen, indem du mit erhöhten Zinssätzen rechnest.
Es ist $p_1\,\% = 100\,\% + 4{,}5\,\% = 104{,}5\,\%$, $p_2\,\% = 105{,}5\,\%$ und $p_3\,\% = 106\,\%$.
Das Anfangskapital beträgt $K_0 = 30\,000\,€$.

$$\begin{aligned} 100\,\% &\mathrel{\hat{=}} 30\,000\,€ \\ 1\,\% &\mathrel{\hat{=}} 30\,000\,€ : 100 = 300\,€ \\ 104{,}5\,\% &\mathrel{\hat{=}} 300\,€ \cdot 104{,}5 = 31\,350\,€ \end{aligned}$$

Kapital $K_1 = 31\,350\,€$

$$\begin{aligned} 100\,\% &\mathrel{\hat{=}} 31\,350\,€ \\ 1\,\% &\mathrel{\hat{=}} 31\,350\,€ : 100 = 313{,}50\,€ \\ 105{,}5\,\% &\mathrel{\hat{=}} 313{,}50\,€ \cdot 105{,}5 = 33\,074{,}25\,€ \end{aligned}$$

Kapital $K_2 = 33\,074{,}25\,€$

$$\begin{aligned} 100\,\% &\mathrel{\hat{=}} 33\,074{,}25\,€ \\ 1\,\% &\mathrel{\hat{=}} 330{,}7425\,€ \\ 106\,\% &\mathrel{\hat{=}} 330{,}7425\,€ \cdot 106 \approx 35\,058{,}71\,€ \end{aligned}$$

In drei Jahren belaufen sich die Zinsen auf
$35\,058{,}71\,€ - 30\,000\,€ = 5\,058{,}71\,€$.

2. Möglichkeit: **Formel**

Es sind Jahreszinsen zu berechnen. Deshalb lautet die Formel: $Z = \frac{K \cdot p}{100}$

Da es günstig ist, wie in Möglichkeit 1 gleich in einem Schritt das neue Kapital zu berechnen, kann man auch sagen:

$$K_{n+1} = \frac{K_n \cdot p_{n+1}}{100}$$

$$K_1 = \frac{K_0 \cdot p_1}{100} = \frac{30\,000 \cdot 104{,}5}{100}\,€ = 31\,350\,€$$

$$K_2 = \frac{K_1 \cdot p_2}{100} = \frac{31\,350 \cdot 105{,}5}{100}\,€ = 33\,074{,}25\,€$$

$$K_3 = \frac{K_2 \cdot p_3}{100} = \frac{33\,074{,}25 \cdot 106}{100}\,€ \approx 35\,058{,}71\,€$$

Zinsen in drei Jahren: $35\,058{,}71\,€ - 30\,000\,€ = 5\,058{,}71\,€$

3. Möglichkeit: **Taschenrechner**
K_3 kannst du berechnen mit der Tastenfolge:

[30 000] [×] [1,045] [×] [1,055] [×] [1,06] [=]

Angebot Bank B:
Zinsen in drei Jahren: $35\,000\,€ - 30\,000\,€ = 5\,000\,€$

Beim besseren Angebot der Bank A erhält Herr Meister 5 058,71 € Zinsen.

131. a) B ist richtig, da E3 das Kapital angibt und B10 die Zinsen nach einem Jahr. Die Summe von E3 und B10 wird im zweiten Jahr mit 2,75 % verzinst (C8).
Vor einer Formel muss ein „=“ stehen.

b) Zinsen für das zweite Jahr:
$(7\,500\,€ + 187{,}50\,€) \cdot 0{,}0275 \approx 211{,}41\,€$.

132. Die Zinsen im ersten Jahr betrugen 2,5 % von 5 000 €.

1. Möglichkeit: **Dreisatz**

$100\,\% \mathrel{\hat{=}} 5\,000\,€$

$1\,\% \mathrel{\hat{=}} 5\,000\,€ : 100 = 50\,€$

$2{,}5\,\% \mathrel{\hat{=}} 50\,€ \cdot 2{,}5 = 125\,€$

2. Möglichkeit: **Formel**

$$P = \frac{G \cdot p}{100} = \frac{5\,000 \cdot 2,5}{100}\,€ = 125\,€$$

Das Kapital K betrug nach einem Jahr also 5 000 € + 125 € = 5 125 €.

Somit erhielt Frau Sommer für das zweite Jahr 5 330 € – 5 125 € = 205 € Zinsen. (Der Grundwert ist jetzt 5 125 €!)

1. Möglichkeit: **Dreisatz**

$$5\,125\,€ \;\hat{=}\; 100\,\%$$

$$1\,€ \;\hat{=}\; \frac{100}{5\,125}\,\%$$

$$205\,€ \;\hat{=}\; \frac{205 \cdot 100}{5\,125}\,\% = 4\,\%$$

2. Möglichkeit: **Formel**

$$p\,\% = \frac{P \cdot 100}{G}\,\% = \frac{205 \cdot 100}{5\,125}\,\% = 4\,\%$$

Im zweiten Jahr betrug der Zinssatz 4 %.

133. a) $v = \frac{s}{t} = \frac{100}{2,5}\,\frac{km}{h} = 40\,\frac{km}{h}$

b) $v = \frac{s}{t} = \frac{54}{9}\,\frac{km}{h} = 6\,\frac{km}{h}$

c) $1\,h \;\hat{=}\; 60\,km$

$1,5\,h \;\hat{=}\; 60\,km \cdot 1,5 = 90\,km$

d) $1\,h \;\hat{=}\; 10\,km$

$5,25\,h \;\hat{=}\; 10\,km \cdot 5,25 = 52,5\,km$

e) $1,75\,km \;\hat{=}\; 1\,h$

$$1\,km \;\hat{=}\; \frac{1}{1,75}\,h$$

$$7\,km \;\hat{=}\; \frac{7}{1,75}\,h = 4\,h$$

f) $12{,}8\text{ km} \mathrel{\hat{=}} 1\text{ h}$

$$1\text{ km} \mathrel{\hat{=}} \frac{1}{12{,}8}\text{ h}$$

$$320\text{ km} \mathrel{\hat{=}} \frac{320}{12{,}8}\text{ h} = 25\text{ h}$$

134. $60\text{ min} \mathrel{\hat{=}} 48\text{ km}$

$$1\text{ min} \mathrel{\hat{=}} \frac{48}{60}\text{ km} = \frac{8}{10}\text{ km} = \frac{4}{5}\text{ km}$$

$$45\text{ min} \mathrel{\hat{=}} \frac{4}{5}\text{ km} \cdot 45 = \frac{4 \cdot 45}{5}\text{ km} = \frac{4 \cdot 9}{1}\text{ km} = 36\text{ km}$$

Die Trainingsstrecke ist 36 km lang.

135. $0{,}15\text{ km} = 0{,}150\text{ km} = 150\text{ m}$

$$3\text{ m} \mathrel{\hat{=}} 1\text{ s}$$

$$1\text{ m} \mathrel{\hat{=}} \frac{1}{3}\text{ s}$$

$$150\text{ m} \mathrel{\hat{=}} \frac{150}{3}\text{ s} = 50\text{ s}$$

Für 0,15 km braucht die Schlange 50 Sekunden.

136. $5\text{ min} = 5 \cdot 60\text{ s} = 300\text{ s}$

$$1\text{ s} \mathrel{\hat{=}} 0{,}4\text{ m}$$

$$300\text{ s} \mathrel{\hat{=}} 0{,}4\text{ m} \cdot 300 = 120\text{ m}$$

Der Tausendfüßler kommt in 5 min 120 m weit.

137. $210\text{ min} = \frac{210}{60}\text{ h} = 3\frac{1}{2}\text{ h} = 3{,}5\text{ h}$

$$v = \frac{s}{t} = \frac{3\,325}{3{,}5}\,\frac{\text{km}}{\text{h}} = 950\,\frac{\text{km}}{\text{h}}$$

Das Flugzeug hat eine Geschwindigkeit von $950\,\frac{\text{km}}{\text{h}}$.

138. $72 \text{ km} \mathrel{\hat{=}} 1 \text{ h}$

$$1 \text{ km} \mathrel{\hat{=}} \frac{1}{72} \text{ h}$$

$$756 \text{ km} \mathrel{\hat{=}} \frac{756}{72} \text{ h} = 10{,}5 \text{ h}$$

Das Schiff braucht für 756 km 10 h 30 min.

139. $8\,000 \frac{\text{m}}{\text{s}} = 8\,000 \cdot 3{,}6 \frac{\text{km}}{\text{h}} = 28\,800 \frac{\text{km}}{\text{h}}$

$1 \text{ h} \mathrel{\hat{=}} 28\,800 \text{ km}$

$5 \text{ h} \mathrel{\hat{=}} 28\,800 \text{ km} \cdot 5 = 144\,000 \text{ km}$

Die Rakete fliegt in 5 h 144 000 km weit.

140. $67 \text{ km} \mathrel{\hat{=}} 1 \text{ h}$

$67\,000 \text{ m} \mathrel{\hat{=}} 60 \text{ min}$

$$1 \text{ m} \mathrel{\hat{=}} \frac{60}{67\,000} \text{ min}$$

$$7\,878 \text{ m} \mathrel{\hat{=}} \frac{60 \cdot 7\,878}{67\,000} \text{ min} = 7{,}05\ldots \text{ min} \approx 7 \text{ min}$$

Die Fahrt durch den Tunnel dauert etwa sieben Minuten.

141. Steve Fossett war am 1. März 23 h 13 min, am 2. März 24 h und am 3. März 19 h 48 min unterwegs. Die Flugzeit betrug also etwa 67 h.

Somit betrug seine Geschwindigkeit:

$$v = \frac{s}{t} = \frac{37\,000}{67} \frac{\text{km}}{\text{h}} \approx 552 \frac{\text{km}}{\text{h}}$$

142. Du kannst die gesuchte Zahl schrittweise ermitteln oder mithilfe einer Gleichung ausrechnen. Setze dazu für den Platzhalter die Variable x.

a) Wert der linken Seite ohne Platzhalter: $14{,}1 - 12 + 0{,}03 = 2{,}13$
Um 12 zu erreichen, muss $12 - 2{,}13 = 9{,}87$ addiert werden.
$\Rightarrow$ Platzhalter: 9,87

oder

$$14{,}1 + x - 12 + 0{,}03 = 12$$
$$x = 12 - 14{,}1 + 12 - 0{,}03$$
$$x = 9{,}87$$

b) Wert der linken Seite ohne Platzhalter: $168{,}7-24{,}5+0{,}3=144{,}5$
Um 700 zu erreichen, muss $700-144{,}5=555{,}5$ addiert werden.
$\Rightarrow$ Platzhalter: 555,5

oder

$$168{,}7-24{,}5+x+0{,}3=700$$
$$x=700-168{,}7+24{,}5-0{,}3$$
$$x=555{,}5$$

c) Wert der linken Seite ohne Platzhalter: $89{,}05-12+9{,}35=86{,}4$
Um 30 zu erreichen, muss $86{,}4-30=56{,}4$ subtrahiert werden.
$\Rightarrow$ Platzhalter: 56,4

oder

$$89{,}05-12+9{,}35-x=30$$
$$89{,}05-12+9{,}35=30+x$$
$$89{,}05-12+9{,}35-30=x$$
$$56{,}4=x$$

d) Wert der linken Seite ohne Platzhalter: $-17{,}2+50-4{,}16=28{,}64$
Um 20 zu erreichen, muss $28{,}64-20=8{,}64$ subtrahiert werden.
$\Rightarrow$ Platzhalter: $-8{,}64$

oder

$$x-17{,}2+50-4{,}16=20$$
$$x=20+17{,}2-50+4{,}16$$
$$x=-8{,}64$$

143. Restbetrag: 13 920 € – 2 400 € = 11 520 €
Ein Viertel davon bezahlt Sandra in Raten:
$\frac{1}{4}$ von 11 520 € = 11 520 € : 4 = 2 880 €
Eine Monatsrate beträgt 2 880 € : 24 = 120 €.

144. Die Stadtrundfahrt kostet für mich:
297 € : 27 = 11 €

Vom Erlös des Flohmarktes erhalte ich:
634,77 € : 27 = 23,51 €

Dann kostet die Klassenfahrt für mich:
241,00 € + 11 € – 23,51 € = 228,49 €

145. a) $\frac{1}{4}\cdot\left(2\frac{1}{5}+6,6\right)=0{,}25\cdot(2{,}2+6{,}6)=0{,}25\cdot 8{,}8=2{,}200=2{,}2$

b) $2\frac{1}{2}\cdot\left(0,6+\frac{3}{4}\right)=2{,}5\cdot(0{,}6+0{,}75)=2{,}5\cdot 1{,}35=3{,}375$

c) $4,2:\left(\frac{1}{10}+\frac{3}{5}\right)=4{,}2:(0{,}1+0{,}6)=4{,}2:0{,}7=42:7=6$

d) $\left(\frac{9}{10}-\frac{3}{4}\right):0,75=(0{,}9-0{,}75):0{,}75=0{,}15:0{,}75=0{,}2$

146.

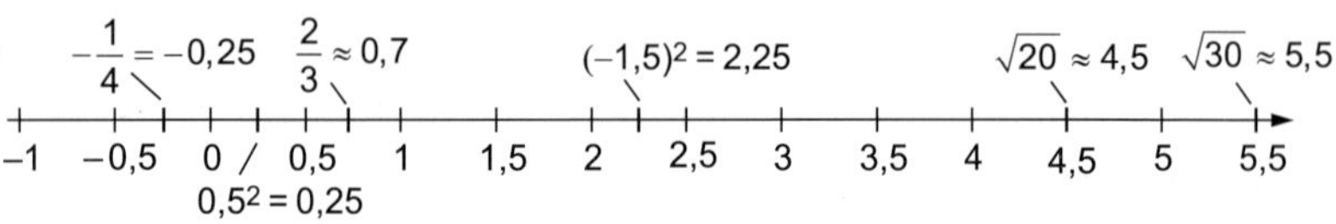

Wenn du jeweils 2 mm links oder rechts von der Lösung bist, kannst du deine Lösung als richtig werten.

147. Die Winkelsumme im Dreieck ist 180°.
Es gilt: $\beta=(\alpha+8^\circ)$, $\gamma=(\alpha+43^\circ)$

$$\begin{aligned}\alpha+(\alpha+8^\circ)+(\alpha+43^\circ)&=180^\circ &&\mid \text{Klammern auflösen}\\ \alpha+\alpha+8^\circ+\alpha+43^\circ&=180^\circ &&\mid \text{zusammenfassen}\\ 3\alpha+51^\circ&=180^\circ &&\mid -51^\circ\\ 3\alpha&=129^\circ &&\mid :3\\ \alpha&=43^\circ\end{aligned}$$

Der Winkel α beträgt 43°.

148. 24 Taschenrechner kosten 24 · 18,75 € = 450 €.
Mehrwertsteuer: 19 % von 450 €

$$\begin{aligned}100\,\% &\mathrel{\widehat{=}} 450\text{ €}\\ 1\,\% &\mathrel{\widehat{=}} \frac{450}{100}\text{ €}=4{,}50\text{ €}\\ 19\,\% &\mathrel{\widehat{=}} 4{,}50\text{ €}\cdot 19=85{,}50\text{ €}\end{aligned}$$

Die Sammelbestellung kostet: 450 € + 85,50 € + 14,10 € = 549,60 €

Alternativ: Der Grundwert G ist 450 €, der Prozentsatz p % ist 119 %.

$$P=\frac{G\cdot p}{100}=\frac{450\cdot 119}{100}\text{ €}=535{,}50\text{ €}$$

Jede Schülerin und jeder Schüler bezahlt 549,60 € : 24 = 22,90 €.

149. Als Erstes musst du bestimmen, wie viel 45 % (Prozentsatz p %) von 820 000 € (Grundwert G) sind. Dies ist für den zweiten Teil der Aufgabe der Grundwert G, der Prozentsatz p % beläuft sich nun auf 60 %.

1. Möglichkeit: Lösung mit **zwei Dreisätzen**

$100\,\% \triangleq 820\,000\ €$

$1\,\% \triangleq 820\,000\ € : 100 = 8\,200\ €$

$45\,\% \triangleq 8\,200\ € \cdot 45 = 369\,000\ €$

$100\,\% \triangleq 369\,000\ €$

$1\,\% \triangleq 369\,000\ € : 100 = 3\,690\ €$

$60\,\% \triangleq 3\,690\ € \cdot 60 = 221\,400\ €$

2. Möglichkeit: Lösung mit zweimaliger Anwendung der **Formel** $P = \frac{G \cdot p}{100}$

$$P = \frac{820\,000 \cdot 45}{100}\ € = 369\,000\ €$$

$$P = \frac{369\,000 \cdot 60}{100}\ € = 221\,400\ €$$

Die Siegerin erhält 221 400 €.

150. $\frac{1}{5} = \frac{20}{100} = 20\,\%$

In Klassenstufe 5, 6 und 9 gehen zusammen
$20\,\% + 22{,}5\,\% + 15\,\% = 57{,}5\,\%$ aller Schülerinnen und Schüler.
Das heißt, in den Klassenstufen 7 und 8 befinden sich
$100\,\% - 57{,}5\,\% = 42{,}5\,\%$ der Schülerinnen und Schüler.
Dies ist der Prozentsatz p %.
In absoluten Zahlen entspricht er $57 + 45 = 102$ Schülerinnen und Schülern.
Diese 102 Schülerinnen und Schüler sind der Prozentwert P.
Gesucht ist der Grundwert G.

1. Möglichkeit: **Dreisatz**

$42{,}5\,\% \triangleq 102\ \text{SuS}$

$$1\,\% \triangleq \frac{102}{42{,}5}\ \text{SuS}$$

$$100\,\% \triangleq \frac{102 \cdot 100}{42{,}5}\ \text{SuS} = 240\ \text{SuS}$$

2. Möglichkeit: **Formel**

$$G = \frac{P \cdot 100}{p} = \frac{102 \cdot 100}{42,5}\ \text{SuS} = 240\ \text{SuS}$$

Die Schule besuchen insgesamt 240 Schülerinnen und Schüler.

151. a) 20 % von 1 200 € = 1 200 € · 0,2 = 240 €
Er zahlt 240 € an.

b) Franz muss noch 1 200 € – 240 € = 960 € bezahlen.
Dazu kommen 3 % Zinsen.

$$100\ \% \mathrel{\hat{=}} 960\ €$$
$$1\ \% \mathrel{\hat{=}} 9,60\ €$$
$$3\ \% \mathrel{\hat{=}} 9,60\ € \cdot 3 = 28,80\ €$$

Mit Zinsen muss Franz 960,00 € + 28,80 € = 988,80 € zurückzahlen.
Pro Monat sind dies 988,80 € : 12 = 82,40 €.

152. Für den ICE gilt:

$$155\ \text{km} \mathrel{\hat{=}} 60\ \text{min}$$
$$1\ \text{km} \mathrel{\hat{=}} \frac{60}{155}\ \text{min}$$
$$62\ \text{km} \mathrel{\hat{=}} \frac{60 \cdot 62}{155}\ \text{min} = 24\ \text{min}$$

Für die Regionalbahn gilt:

$$69\ \text{km} \mathrel{\hat{=}} 60\ \text{min}$$
$$1\ \text{km} \mathrel{\hat{=}} \frac{60}{69}\ \text{min}$$
$$62\ \text{km} \mathrel{\hat{=}} \frac{60 \cdot 62}{69}\ \text{min} = 53,9\ldots\ \text{min} \approx 54\ \text{min}$$

Zeitersparnis mit dem ICE:
54 min – 24 min = 30 min
Der Fahrgast spart eine halbe Stunde, wenn er mit dem ICE fährt.

153. a) 9 cm = 90 mm

b) $9\ \text{cm}^2 = 900\ \text{mm}^2$

c) 4,95 m = 49,5 dm

d) $35\ \text{dm}^3 = 35\,000\ \text{cm}^3$

e) 3,18 dm = 31,8 cm

f) $5{,}125\ \text{km} = 5\,125\ \text{m}$

g) $23{,}28\ \text{m}^3 = 23\,280\ \text{dm}^3$

h) $7{,}1\ \text{m}^2 = 710\ \text{dm}^2$

i) $6\ \text{ha} = 600\ \text{a}$

j) $720\ \ell = 720\ \text{dm}^3 = 720\,000\ \text{cm}^3$

k) $6{,}32\ \text{a} = 632\ \text{m}^2$

l) $2{,}45\ \text{dm}^2 = 245\ \text{cm}^2$

m) $8{,}2\ \text{cm}^3 = 8\,200\ \text{mm}^3$

n) $6{,}25\ \text{km}^2 = 625\ \text{ha}$

154. a) $370\ \text{dm} = 37\ \text{m}$

b) $700\ \text{cm}^3 = 0{,}7\ \text{dm}^3$

c) $4\,500\ \text{m}^2 = 45\ \text{a}$

d) $81\ \text{cm} = 8{,}1\ \text{dm}$

e) $64\ \text{mm} = 6{,}4\ \text{cm}$

f) $300\ \text{cm}^2 = 3\ \text{dm}^2$

g) $74\,300\ \text{mm}^3 = 74{,}3\ \text{cm}^3$

h) $715\ \text{mm}^2 = 7{,}15\ \text{cm}^2$

i) $47\,250\ \text{m} = 47{,}25\ \text{km}$

j) $2\,600\ \text{a} = 26\ \text{ha}$

k) $6\,500\ \ell = 65\ h\ell$ oder $6\,500\ \ell = 6\,500\ \text{dm}^3 = 6{,}5\ \text{m}^3$

l) $8\,917\ \text{dm}^3 = 8{,}917\ \text{m}^3$

155. a) $7\,300\ \text{m} + 2\ \text{km} + 700\ \text{m} = 7{,}3\ \text{km} + 2\ \text{km} + 0{,}7\ \text{km} = 10\ \text{km}$

b) $3{,}4\ \text{km} + 250\ \text{m} + 3\,500\ \text{dm} = 3\,400\ \text{m} + 250\ \text{m} + 350\ \text{m} = 4\,000\ \text{m}$

c) $2\,500\ \text{km}^2 + 250\ \text{ha} + 250\ \text{a} = 250\,000\ \text{ha} + 250\ \text{ha} + 2{,}5\ \text{ha} = 250\,252{,}5\ \text{ha}$

d) $1\,700\ \text{mm}^2 - 7\ \text{cm}^2 + 70\ \text{dm}^2 = 17\ \text{cm}^2 - 7\ \text{cm}^2 + 7\,000\ \text{cm}^2 = 7\,010\ \text{cm}^2$

e) $3\,000\ \text{cm}^3 + 2\ \ell + 5{,}5\ \text{m}^3 = 3\ \text{dm}^3 + 2\ \ell + 5\,500\ \text{dm}^3 = 3\ \ell + 2\ \ell + 5\,500\ \ell$
$= 5\,505\ \ell$

f) $4\,500\ \text{mm}^3 - 0{,}5\ \text{cm}^3 + 1\ \text{dm}^3 = 4{,}5\ \text{cm}^3 - 0{,}5\ \text{cm}^3 + 1\,000\ \text{cm}^3 = 1\,004\ \text{cm}^3$

g) $0{,}5\ \text{t} + 4\,500\ \text{g} + 95{,}5\ \text{kg} = 500\ \text{kg} + 4{,}5\ \text{kg} + 95{,}5\ \text{kg} = 600\ \text{kg}$

h) $6\ \text{h} - 4\,500\ \text{s} = 360\ \text{min} - 75\ \text{min} = 285\ \text{min}$

156. a) $8\,300\ \text{kg} = 8{,}3\ \text{t}$

b) $4\,080\ \text{g} = 4{,}08\ \text{kg}$

c) $6{,}32\ \text{t} = 6\,320\ \text{kg}$

157. a) $180\ \text{s} = 3\ \text{min}$

b) $10\ \text{h} = 600\ \text{min}$

c) $9\ \text{min} = 540\ \text{s}$

d) $144\ \text{h} = 6\ \text{d}$

158. $u = 4 \cdot a$

$u = 4 \cdot 5{,}5\ \text{cm} = 22\ \text{cm}$

$A = a^2$

$A = (5{,}5\ \text{cm})^2 = 30{,}25\ \text{cm}^2$

159. $A = a^2 \quad \rightarrow \quad a = \sqrt{A}$

$a = \sqrt{169}\ \text{m} = 13\ \text{m}$

160. $u = 2 \cdot a + 2 \cdot b$

$u = 2 \cdot 25\ \text{m} + 2 \cdot 12{,}5\ \text{m} = 75\ \text{m}$

$A = a \cdot b$

$A = 25\ \text{m} \cdot 12{,}5\ \text{m} = 312{,}5\ \text{m}^2$

161. $A = a \cdot h$

$A = 7\ \text{m} \cdot 11{,}2\ \text{m} = 78{,}4\ \text{m}^2$

162. $A_P = a \cdot h,\ \ A_R = a \cdot b$

$A_P = 4\ \text{m} \cdot 2\ \text{m} = 8\ \text{m}^2$

$A_R = 4\ \text{m} \cdot b = 8\ \text{m}^2 \quad \rightarrow \quad b = 2\ \text{m}$

163. $A = a \cdot h \quad \rightarrow \quad h = \dfrac{A}{a}$

$$h = \frac{77\ \text{cm}^2}{5\ \text{cm}} = 15{,}4\ \text{cm}$$

164. $u = 2 \cdot a + 2 \cdot b$

$u = 2 \cdot 10\ \text{m} + 2 \cdot 15\ \text{cm} = 20\ \text{m} + 2 \cdot 0{,}15\ \text{m} = 20{,}3\ \text{m}$

$A = a \cdot b$

$A = 10\ \text{m} \cdot 0{,}15\ \text{m} = 1{,}5\ \text{m}^2$

a) Länge verdoppeln:

$u = 2 \cdot (2 \cdot 10\text{ m}) + 2 \cdot 0{,}15\text{ m} = 40{,}3\text{ m}$

$A = (2 \cdot 10\text{ m}) \cdot 0{,}15\text{ m} = 3\text{ m}^2$

b) Breite verdoppeln:

$u = 2 \cdot 10\text{ m} + 2 \cdot (2 \cdot 0{,}15\text{ m}) = 20\text{ m} + 0{,}6\text{ m} = 20{,}6\text{ m}$

$A = 10\text{ m} \cdot (2 \cdot 0{,}15\text{ m}) = 3\text{ m}^2$

c) Länge und Breite verdoppeln:

$u = 2 \cdot (2 \cdot 10\text{ m}) + 2 \cdot (2 \cdot 0{,}15\text{ m}) = 40{,}6\text{ m}$

$A = (2 \cdot 10\text{ m}) \cdot (2 \cdot 0{,}15\text{ m}) = 6\text{ m}^2$

d) Länge halbieren:

$$u = 2 \cdot \left(\frac{1}{2} \cdot 10\text{ m}\right) + 2 \cdot 0{,}15\text{ m} = 10{,}3\text{ m}$$

$$A = \left(\frac{1}{2} \cdot 10\text{ m}\right) \cdot 0{,}15\text{ m} = 0{,}75\text{ m}^2$$

e) Breite halbieren:

$$u = 2 \cdot 10\text{ m} + 2 \cdot \left(\frac{1}{2} \cdot 0{,}15\text{ m}\right) = 20{,}15\text{ m}$$

$$A = 10\text{ m} \cdot \left(\frac{1}{2} \cdot 0{,}15\text{ m}\right) = 0{,}75\text{ m}^2$$

f) Länge und Breite halbieren:

$$u = 2 \cdot \left(\frac{1}{2} \cdot 10\text{ m}\right) + 2 \cdot \left(\frac{1}{2} \cdot 0{,}15\text{ m}\right) = 10{,}15\text{ m}$$

$$A = \left(\frac{1}{2} \cdot 10\text{ m}\right) \cdot \left(\frac{1}{2} \cdot 0{,}15\text{ m}\right) = 0{,}375\text{ m}^2$$

165. $A = \dfrac{c \cdot h_c}{2}$

$$A = \frac{6\text{ dm} \cdot 10\text{ dm}}{2} = 30\text{ dm}^2$$

166. $A = \dfrac{1}{2} \cdot c \cdot h_c$

$$A = \frac{1}{2} \cdot 8\text{ cm} \cdot 3\text{ cm} = 12\text{ cm}^2$$

a) $A = \frac{1}{2} \cdot (2 \cdot 8\text{ cm}) \cdot 3\text{ cm} = 24\text{ cm}^2$

Der Flächeninhalt verdoppelt sich, wenn c verdoppelt wird.

$A = \frac{1}{2} \cdot \left(\frac{1}{2} \cdot 8\text{ cm}\right) \cdot 3\text{ cm} = 6\text{ cm}^2$

Der Flächeninhalt wird halbiert, wenn c halbiert wird.

b) $A = \frac{1}{2} \cdot 8\text{ cm} \cdot (2 \cdot 3\text{ cm}) = 24\text{ cm}^2$

Der Flächeninhalt verdoppelt sich, wenn die Höhe verdoppelt wird.

$A = \frac{1}{2} \cdot 8\text{ cm} \cdot \left(\frac{1}{2} \cdot 3\text{ cm}\right) = 6\text{ cm}^2$

Der Flächeninhalt wird halbiert, wenn die Höhe halbiert wird.

c) $A - \frac{1}{2} \cdot (2 \cdot 8\text{ cm}) \cdot (2 \cdot 3\text{ cm}) - 48\text{ cm}^2$

Der Flächeninhalt vervierfacht sich, wenn c und h_c verdoppelt werden.

$A = \frac{1}{2} \cdot \left(\frac{1}{2} \cdot 8\text{ cm}\right) \cdot \left(\frac{1}{2} \cdot 3\text{ cm}\right) = 3\text{ cm}^2$

Der Flächeninhalt ist ein Viertel des ursprünglichen Flächeninhalts, wenn c und h_c halbiert werden.

167. $A = \frac{a + c}{2} \cdot h$

$A = \frac{8\text{ cm} + 4\text{ cm}}{2} \cdot 12\text{ cm} = 72\text{ cm}^2$

168. $A = \frac{1}{2} \cdot (a + c) \cdot h$

Trapez A:

$A = \frac{1}{2} \cdot (3\text{ cm} + 1{,}5\text{ cm}) \cdot 2\text{ cm} = \frac{1}{2} \cdot 4{,}5\text{ cm} \cdot 2\text{ cm} = 4{,}5\text{ cm}^2$

Trapez B:

$A = \frac{1}{2} \cdot (4\text{ cm} + 1\text{ cm}) \cdot 2\text{ cm} = \frac{1}{2} \cdot 5\text{ cm} \cdot 2\text{ cm} = 5\text{ cm}^2$

Trapez C:

$$A = \frac{1}{2} \cdot (5\text{ cm} + 1{,}5\text{ cm}) \cdot 2\text{ cm} = \frac{1}{2} \cdot 6{,}5\text{ cm} \cdot 2\text{ cm} = 6{,}5\text{ cm}^2$$

169. a) $r = 3$ Kästchen $\hat{=}$ 1,5 cm

$A = \pi \cdot r^2$

$A \approx 3 \cdot (1{,}5\text{ cm})^2 = 3 \cdot 2{,}25\text{ cm}^2 = 6{,}75\text{ cm}^2$

$u = 2 \cdot \pi \cdot r$

$u \approx 2 \cdot 3 \cdot 1{,}5\text{ cm} = 9\text{ cm}$

b) $r = 3$ Kästchen $\hat{=}$ 1,5 cm

Es handelt sich um einen Halbkreis.

$A = \frac{1}{2} \cdot \pi \cdot r^2$

$A \approx \frac{1}{2} \cdot 3 \cdot (1{,}5\text{ cm})^2 = 3{,}375\text{ cm}^2$

$u = \frac{1}{2} \cdot 2 \cdot \pi \cdot r + 3\text{ cm}$

$u \approx 3 \cdot 1{,}5\text{ cm} + 3\text{ cm} = 7{,}5\text{ cm}$

c) $r = 4$ Kästchen $\hat{=}$ 2 cm

Es handelt sich um einen Viertelkreis.

$A = \frac{1}{4} \cdot \pi \cdot r^2$

$A \approx \frac{1}{4} \cdot 3 \cdot (2\text{ cm})^2 = \frac{1}{4} \cdot 3 \cdot 4\text{ cm}^2 = 3\text{ cm}^2$

$u = \frac{1}{4} \cdot 2 \cdot \pi \cdot r + 2 \cdot 2\text{ cm}$

$u \approx \frac{1}{2} \cdot 3 \cdot 2\text{ cm} + 4\text{ cm} = 7\text{ cm}$

d) $r = 3$ Kästchen $\hat{=}$ 3 cm

Es handelt sich um einen Dreiviertelkreis.

$A = \frac{3}{4} \cdot \pi \cdot r^2$

$A \approx \frac{3}{4} \cdot 3 \cdot (3\text{ cm})^2 = \frac{3}{4} \cdot 3 \cdot 9\text{ cm}^2 = 20{,}25\text{ cm}^2$

$$u = \frac{3}{4} \cdot 2 \cdot \pi \cdot r + 2 \cdot 3\ \text{cm}$$

$$u \approx \frac{3}{2} \cdot 3 \cdot 3\ \text{cm} + 6\ \text{cm} = 19{,}5\ \text{cm}$$

170. $A = a \cdot b \quad \rightarrow \quad a = \dfrac{A}{b}$

$$a = \frac{102\ \text{m}^2}{8{,}5\ \text{m}} = 12\ \text{m}$$

171. $A = a \cdot h \quad \rightarrow \quad a = \dfrac{A}{h}$

$$a = \frac{2{,}25\ \text{dm}^2}{1{,}5\ \text{dm}} = 1{,}5\ \text{dm}$$

172. $A = \dfrac{a + c}{2} \cdot h \quad \rightarrow \quad h = \dfrac{2A}{a + c}$

$$h = \frac{2 \cdot 66\ \text{dm}^2}{13\ \text{dm} + 9\ \text{dm}} = \frac{132\ \text{dm}^2}{22\ \text{dm}} = 6\ \text{dm}$$

173. $A = \dfrac{c \cdot h_c}{2} \quad \rightarrow \quad c = \dfrac{2A}{h_c}$

$$c = \frac{2 \cdot 0{,}72\ \text{m}^2}{1{,}2\ \text{m}} = 1{,}2\ \text{m}$$

174. $h_c = \dfrac{2A}{c}$

$$h_c = \frac{2 \cdot 10{,}5\ \text{cm}^2}{1{,}4\ \text{cm}} = 15\ \text{cm}$$

175. $u = 2 \cdot \pi \cdot r,\ A = \pi \cdot r^2$

a) $u = 2 \cdot \pi \cdot 2\ \text{m} \approx 12{,}57\ \text{m}$
$A = \pi \cdot (2\ \text{m})^2 \approx 12{,}57\ \text{m}^2$

b) $d = 7\text{ cm} \rightarrow r = 7\text{ cm} : 2 = 3{,}5\text{ cm}$

$u = 2 \cdot \pi \cdot 3{,}5\text{ cm} \approx 22\text{ cm}$

$A = \pi \cdot (3{,}5\text{ cm})^2 \approx 38{,}5\text{ cm}^2$

176. $A = \pi \cdot r^2 \quad \rightarrow \quad r = \sqrt{\frac{A}{\pi}}$

$$r = \sqrt{\frac{2\,290{,}22\text{ m}^2}{\pi}} \approx 27\text{ m}$$

$u = 2 \cdot \pi \cdot r$

$u = 2 \cdot \pi \cdot 27\text{ m} \approx 170\text{ m}$

Die Absperrung muss 170 m lang sein.

177. $u = 2 \cdot \pi \cdot r \quad \rightarrow \quad r = \frac{u}{2 \cdot \pi}$

$$r = \frac{21{,}99\text{ dm}}{2 \cdot \pi} \approx 3{,}5\text{ dm}$$

$A = \pi \cdot r^2$

$A = \pi \cdot (3{,}5\text{ dm})^2 \approx 38{,}5\text{ dm}^2$

178. $a = 3{,}5\text{ cm};\ c = 6\text{ cm};\ h = 3\text{ cm}$

$$A_{\text{Trapez}} = \frac{a + c}{2} \cdot h = \frac{3{,}5\text{ cm} + 6\text{ cm}}{2} \cdot 3\text{ cm} = 4{,}75\text{ cm} \cdot 3\text{ cm} = 14{,}25\text{ cm}$$

179. $u = 3 \cdot 3{,}5\text{ cm} + 2\text{ cm} + 3{,}5\text{ cm} + 2\text{ cm} + 3{,}5\text{ cm} + 2\text{ cm} + 3{,}5\text{ cm} + 3 \cdot 2\text{ cm}$

$u = 33\text{ cm}$

Die Fläche setzt sich aus drei Rechtecken zusammen.

$A = 3{,}5\text{ cm} \cdot 2\text{ cm} + 3{,}5\text{ cm} \cdot 4\text{ cm} + 3{,}5\text{ cm} \cdot 6\text{ cm}$

$A = 7\text{ cm}^2 + 14\text{ cm}^2 + 21\text{ cm}^2$

$A = 42\text{ cm}^2$

180. $u = 2 \cdot (2\text{ m} + 1\text{ m}) + 2 \cdot (1{,}5\text{ m} + 1\text{ m} + 1{,}5\text{ m}) + 2 \cdot 2\text{ m}$

$u = 6\text{ m} + 8\text{ m} + 4\text{ m}$

$u = 18\text{ m}$

Die Fläche setzt sich aus drei Rechtecken zusammen.

$A = 1{,}5\text{ m} \cdot 3\text{ m} + 1\text{ m} \cdot 1\text{ m} + 1{,}5\text{ m} \cdot 3\text{ m}$

$A = 4{,}5\text{ m}^2 + 1\text{ m}^2 + 4{,}5\text{ m}^2$

$A = 10\text{ m}^2$

oder:

Die Fläche berechnet sich aus der Differenz von zwei Rechtecken.

$A = (1{,}5\ m + 1\ m + 1{,}5\ m) \cdot (1\ m + 2\ m) - 1\ m \cdot 2\ m$
$A = 4\ m \cdot 3\ m - 2\ m^2$
$A = 12\ m^2 - 2\ m^2$
$A = 10\ m^2$

181. $A_{\text{Dreieck A}} = \dfrac{80\ m \cdot 30\ m}{2} = 1\,200\ m^2$

$A_{\text{Parallelogramm B}} = 20\ m \cdot 80\ m = 1\,600\ m^2$

$A_{\text{Trapez C}} = \dfrac{40\ m + 10\ m}{2} \cdot 80\ m = 25\ m \cdot 80\ m = 2\,000\ m^2$

182. Als Grundseite g kann hier sinnvollerweise nur $\overline{AB} = c$ genommen werden.

$c = 7\ cm,\ h_c = 5\ cm$

$A = \dfrac{7\ cm \cdot 5\ cm}{2} = 17{,}5\ cm^2$

183. Die Figur wird in ein Quadrat, ein Trapez und ein Dreieck zerlegt.

$A = 3\ cm \cdot 3\ cm + \dfrac{1}{2} \cdot (3\ cm + 1{,}5\ cm) \cdot 2\ cm + \dfrac{1}{2} \cdot 1{,}5\ cm \cdot 3\ cm$

$A = 9\ cm^2 + 4{,}5\ cm^2 + 2{,}25\ cm^2$
$A = 15{,}75\ cm^2$

184. Die Fläche setzt sich aus zwei gleich großen Dreiecken zusammen.

$A = 2 \cdot \dfrac{1}{2} \cdot 18\ cm \cdot 12\ cm = 216\ cm^2$

185. a) Die Fläche des Drachens wird berechnet mit:

$A = \dfrac{e \cdot f}{2}$ (e und f sind die beiden Diagonalen.)

$A = \dfrac{15\ cm \cdot (18{,}4\ cm + 7{,}6\ cm)}{2} = \dfrac{15\ cm \cdot 26\ cm}{2} = 195\ cm^2$

oder:

Alternativ kann der Drache auch in zwei Dreiecke zerlegt werden.

$A = \dfrac{15\ cm \cdot 18{,}4\ cm}{2} + \dfrac{15\ cm \cdot 7{,}6\ cm}{2} = 195\ cm^2$

b) 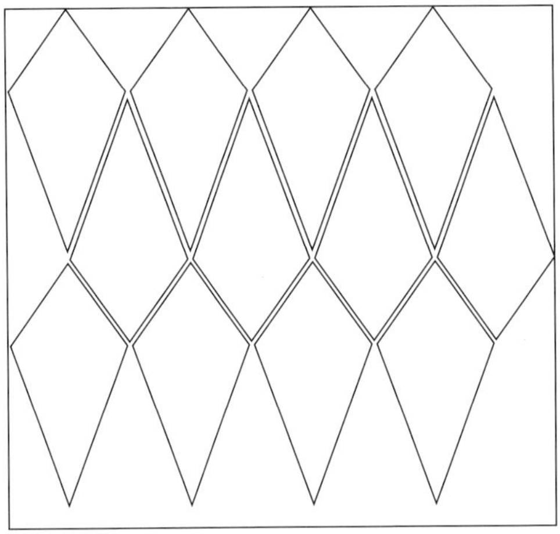

186. Die entstandene Figur besteht aus einem Quadrat mit der Seitenlänge $a = 2\text{ cm} + 5\text{ cm} = 7\text{ cm}$, dem ein Dreieck mit der Grundseite $g = 2\text{ cm}$ und der Höhe $h = 2\text{ cm}$ fehlt.

Fläche des Quadrats:

$A_Q = a \cdot a = (7\text{ cm})^2 = 49\text{ cm}^2$

Fläche des Dreiecks:

$A_D = \frac{g \cdot h}{2} = \frac{2\text{ cm} \cdot 2\text{ cm}}{2} = 2\text{ cm}^2$

Fläche der Figur:

$49\text{ cm}^2 - 2\text{ cm}^2 = 47\text{ cm}^2$

187. Die vorgegebene Figur muss zerlegt werden, damit ihre Fläche berechnet werden kann.

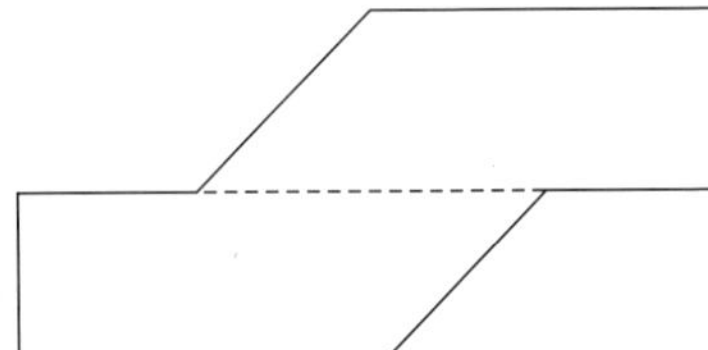

Setzt man die beiden Hälften zusammen, ergibt sich folgende Fläche:

Länge: $a = 5 \cdot 4\text{ cm} = 20\text{ cm}$
Breite: $b = 4\text{ cm}$

$A = a \cdot b$
$A = 20\text{ cm} \cdot 4\text{ cm} = 80\text{ cm}^2$

188. Du kannst die Fläche folgendermaßen aufteilen:
- zwei Dreiecke mit der Grundseite $g=4$ cm und der Höhe $h=4$ m,
- ein Rechteck mit der Länge $a=16$ cm und der Breite $b=4$ cm,
- ein Halbkreis mit dem Radius $r=4$ cm.

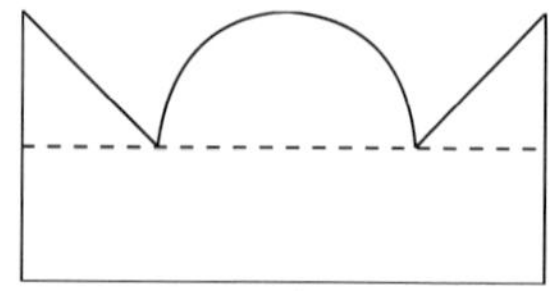

Dreieck:

$$A_D = \frac{g \cdot h}{2} = \frac{4\text{ cm} \cdot 4\text{ cm}}{2} = 8\text{ cm}^2$$

Rechteck:

$$A_R = a \cdot b = 16\text{ cm} \cdot 4\text{ cm} = 64\text{ cm}^2$$

Halbkreis:

$$A_{Hkr} = \frac{1}{2} \cdot \pi \cdot r^2 = \frac{1}{2} \cdot \pi \cdot (4\text{ cm})^2 \approx 25{,}13\text{ cm}^2$$

Gesamtfläche:

$$A = 2 \cdot 8\text{ cm}^2 + 64\text{ cm}^2 + 25{,}13\text{ cm}^2 = 105{,}13\text{ cm}^2$$

189. Die Figur wird wie unten stehend in die Teilflächen I, II und III unterteilt.

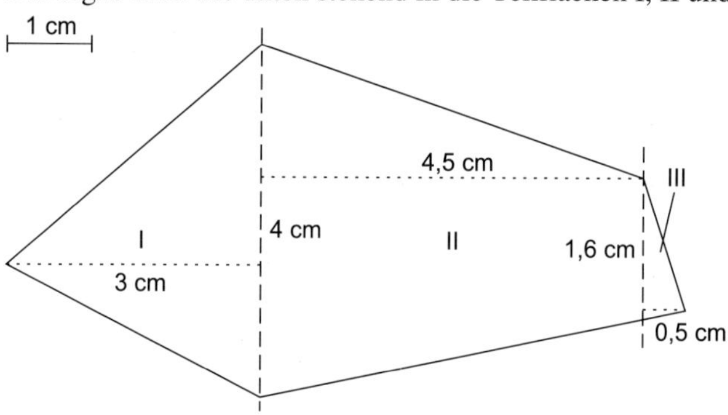

Dreiecksfläche A_I:

$$A_I = \frac{1}{2} \cdot 4\text{ cm} \cdot 3\text{ cm} = 6\text{ cm}^2$$

Trapezfläche A_{II}:

$$A_{II} = \frac{1}{2} \cdot (4\text{ cm} + 1{,}6\text{ cm}) \cdot 4{,}5\text{ cm} = \frac{1}{2} \cdot 5{,}6\text{ cm} \cdot 4{,}5\text{ cm} = 12{,}6\text{ cm}^2$$

Dreiecksfläche A_{III}:

$$A_{III} = \frac{1}{2} \cdot 1{,}6\text{ cm} \cdot 0{,}5\text{ cm} = 0{,}4\text{ cm}^2$$

Fläche der Figur:
$A = A_I + A_{II} + A_{III} = 6\text{ cm}^2 + 12{,}6\text{ cm}^2 + 0{,}4\text{ cm}^2 = 19\text{ cm}^2$

190. $u = 3 \cdot 2\text{ cm} + \frac{1}{2} \cdot 2 \cdot \pi \cdot 1\text{ cm} + 2\text{ cm} + \frac{1}{2} \cdot 2 \cdot \pi \cdot 1\text{ cm}$

$u = 6\text{ cm} + 1 \cdot \pi\text{ cm} + 2\text{ cm} + 1 \cdot \pi\text{ cm} \approx 14{,}28\text{ cm}$

Fläche = Fläche eines Rechtecks + zwei Halbkreisflächen

$A = 2\text{ cm} \cdot 4\text{ cm} + 2 \cdot \frac{1}{2} \cdot \pi \cdot 1\text{ cm}^2$

$A \approx 11{,}14\text{ cm}^2$

191. A = Fläche zweier Trapeze – Kreisfläche

$A = 2 \cdot \frac{1}{2} \cdot (6\text{ cm} + 2\text{ cm}) \cdot 3\text{ cm} - \pi \cdot (2\text{ cm})^2$

$A = 8\text{ cm} \cdot 3\text{ cm} - \pi \cdot 4\text{ cm}^2 \approx 11{,}43\text{ cm}^2$

192. 1. Figur: Differenz zweier Rechtecksflächen

$A_1 = (1{,}5\text{ cm} + 2\text{ cm}) \cdot (1{,}5\text{ cm} + 2\text{ cm} + 1{,}5\text{ cm}) - 2\text{ cm} \cdot 1{,}5\text{ cm}$
$A_1 = 3{,}5\text{ cm} \cdot 5\text{ cm} - 3\text{ cm}^2 = 17{,}5\text{ cm}^2 - 3\text{ cm}^2 = 14{,}5\text{ cm}^2$

2. Figur: Differenz zweier Dreiecksflächen

$A_2 = \frac{1}{2} \cdot (1{,}5\text{ cm} + 2\text{ cm} + 1{,}5\text{ cm}) \cdot (1{,}5\text{ cm} + 2\text{ cm}) - \frac{1}{2} \cdot 2\text{ cm} \cdot 1{,}5\text{ cm}$

$A_2 = \frac{1}{2} \cdot 5\text{ cm} \cdot 3{,}5\text{ cm} - 1{,}5\text{ cm}^2 = 8{,}75\text{ cm}^2 - 1{,}5\text{ cm}^2 = 7{,}25\text{ cm}^2$

Unterschied:
$A_1 - A_2 = 14{,}5\text{ cm}^2 - 7{,}25\text{ cm}^2 = 7{,}25\text{ cm}^2$

193. Die schraffierte Figur ist …
- eine Kreisfläche (Radius $r = 5$ cm), von der
- eine Rechtecksfläche mit den Seiten $a = 4{,}7$ cm und $b = 5{,}2$ cm sowie
- eine Dreiecksfläche mit der Grundseite $g = 10$ cm und der Höhe $h = 5$ cm abgezogen wurden.

Kreis:
$A_K = \pi \cdot r^2 = \pi \cdot (5\text{ cm})^2 \approx 78{,}5\text{ cm}^2$

Rechteck:
$A_R = a \cdot b = 4{,}7\text{ cm} \cdot 5{,}2\text{ cm} = 24{,}44\text{ cm}^2$

Dreieck:

$A_D = \frac{g \cdot h}{2} = \frac{10\text{ cm} \cdot 5\text{ cm}}{2} = 25\text{ cm}^2$

Schraffierte Fläche:

$78{,}5\text{ cm}^2 - 24{,}44\text{ cm}^2 - 25\text{ cm}^2 = 29{,}06\text{ cm}^2$

194. $V = a \cdot b \cdot c$

$V = 3\text{ cm} \cdot 4\text{ cm} \cdot 5\text{ cm}$

$V = 60\text{ cm}^3$

$O = 2 \cdot a \cdot b + 2 \cdot a \cdot c + 2 \cdot b \cdot c$

$O = 2 \cdot 3\text{ cm} \cdot 4\text{ cm} + 2 \cdot 3\text{ cm} \cdot 5\text{ cm} + 2 \cdot 4\text{ cm} \cdot 5\text{ cm}$

$O = 24\text{ cm}^2 + 30\text{ cm}^2 + 40\text{ cm}^2$

$O = 94\text{ cm}^2$

195. Das Ergebnis soll in Litern angegeben werden: $1\ \ell = 1\text{ dm}^3$.
Deshalb ist es geschickt, zunächst alle Maße in dm umzuwandeln
(10 cm = 1 dm).

75 cm = 7,5 dm
40 cm = 4 dm
50 cm = 5 dm

Volumen des Aquariums:

$V = a \cdot b \cdot c = 7{,}5\text{ dm} \cdot 4\text{ dm} \cdot 5\text{ dm} = 150\text{ dm}^3 = 150\ \ell$

In das Aquarium passen 150 Liter Wasser.

196. Ein Würfel hat zwölf gleich lange Kanten.

Eine Kante ist 48 cm : 12 = 4 cm lang.

Volumen des Würfels:

$V = a^3 = a \cdot a \cdot a = 4\text{ cm} \cdot 4\text{ cm} \cdot 4\text{ cm} = 64\text{ cm}^3$

197. Wenn eine Quadratfläche gegeben ist, erhält man die Seitenlänge des Quadrats, indem man aus der Fläche die Wurzel zieht.

$a = \sqrt{64}\text{ cm} = 8\text{ cm}$

$V_{\text{Würfel}} = a^3 = (8\text{ cm})^3 = 512\text{ cm}^3$

198. a) $a = 4\text{ cm} \quad \rightarrow V = a^3 = (4\text{ cm})^3 = 64\text{ cm}^3$

$a = 2 \cdot 4\text{ cm} = 8\text{ cm} \quad \rightarrow V = (8\text{ cm})^3 = 512\text{ cm}^3 = 8 \cdot 64\text{ cm}^3$

$a = \frac{1}{2} \cdot 4\text{ cm} = 2\text{ cm} \quad \rightarrow V = (2\text{ cm})^3 = 8\text{ cm}^3 = \frac{1}{8} \cdot 64\text{ cm}^3$

Wird die Kantenlänge des Würfels verdoppelt, so verachtfacht sich das Volumen, wird die Kantenlänge halbiert, so beträgt das Volumen nur noch ein Achtel des ursprünglichen Volumens.

Allgemein könnte man rechnen:

$V = (2a)^3 = 2^3a^3 = 8a^3$

$V = \left(\frac{1}{2}a\right)^3 = \left(\frac{1}{2}\right)^3 a^3 = \frac{1}{8}a^3$

b) $a = 4\text{ cm} \quad \rightarrow O = 6 \cdot a^2 = 6 \cdot (4\text{ cm})^2 = 96\text{ cm}^2$

$a = 2 \cdot 4\text{ cm} = 8\text{ cm} \quad \rightarrow O = 6 \cdot (8\text{ cm})^2 = 384\text{ cm}^2 = 4 \cdot 96\text{ cm}^2$

$a = \frac{1}{2} \cdot 4\text{ cm} = 2\text{ cm} \quad \rightarrow O = 6 \cdot (2\text{ cm})^2 = 24\text{ cm}^2 = \frac{1}{4} \cdot 96\text{ cm}^2$

Wird die Kantenlänge des Würfels verdoppelt, so vervierfacht sich die Oberfläche, wird die Kantenlänge halbiert, so beträgt die Oberfläche ein Viertel der ursprünglichen Oberfläche.

Allgemein könnte man rechnen:

$O = 6 \cdot (2a)^2 = 6 \cdot 2^2 \cdot a^2 = 6 \cdot 4 \cdot a^2 = 4 \cdot (6a^2)$

$O = 6 \cdot \left(\frac{1}{2}a\right)^2 = 6 \cdot \left(\frac{1}{2}\right)^2 \cdot a^2 = 6 \cdot \frac{1}{4} \cdot a^2 = \frac{1}{4} \cdot (6a^2)$

199. $V = \frac{1}{3} \cdot a^2 \cdot h$

$V = \frac{1}{3} \cdot (4\text{ cm})^2 \cdot 12\text{ cm} = 64\text{ cm}^3$

200. $O = 6 \cdot a^2 \quad \rightarrow \quad a = \sqrt{\frac{O}{6}}$

$a = \sqrt{\frac{294\text{ cm}^2}{6}} = 7\text{ cm}$

$V = a^3$

$V = (7\text{ cm})^3 = 343\text{ cm}^3$

201. $d = 2\text{ m} \rightarrow r = 1\text{ m}$

$V = \pi \cdot r^2 \cdot h$

$V = \pi \cdot (1\text{ m})^2 \cdot 3\text{ m} \approx 9{,}42\text{ m}^3$

$O = 2 \cdot \pi \cdot r^2 + 2 \cdot \pi \cdot r \cdot h$

$O = 2 \cdot \pi \cdot 1\text{ m}^2 + 2 \cdot \pi \cdot 1\text{ m} \cdot 3\text{ m} \approx 6{,}28\text{ m}^2 + 18{,}85\text{ m}^2 = 25{,}13\text{ m}^2$

202. $V = \frac{1}{3} \cdot a^2 \cdot h$

$V = \frac{1}{3} \cdot 8\text{ cm} \cdot 8\text{ cm} \cdot 7{,}5\text{ cm} = 160\text{ cm}^3$

203. $V = a \cdot b \cdot h \rightarrow h = \frac{V}{a \cdot b}$ (a = 40 cm, b = 16 cm)

$h = \frac{8\,000\text{ cm}^3}{40\text{ cm} \cdot 16\text{ cm}} = 12{,}5\text{ cm}$

204. Die grau gefärbte Fläche ist ein Quadrat.
Für den Umfang eines Quadrats gilt:

$u = 4 \cdot a \rightarrow a = \frac{u}{4} = \frac{28}{4}\text{ cm} = 7\text{ cm}$

Der Bauklotz hat die Maße a = b = 7 cm, c = 18 cm.

Volumen:
$V = a \cdot b \cdot c$
$V = 7\text{ cm} \cdot 7\text{ cm} \cdot 18\text{ cm} = 882\text{ cm}^3$

205.

$$V = \pi \cdot r^2 \cdot h$$
$$254{,}5\text{ dm}^3 = \pi \cdot r^2 \cdot 9\text{ dm}$$
$$r^2 = \frac{254{,}5\text{ dm}^3}{\pi \cdot 9\text{ dm}}$$
$$r^2 \approx 9\text{ dm}^2$$
$$r \approx 3\text{ dm}$$

$O = 2 \cdot \pi \cdot r^2 + 2 \cdot \pi \cdot r \cdot h$

$O = 2 \cdot \pi \cdot (3\text{ dm})^2 + 2 \cdot \pi \cdot 3\text{ dm} \cdot 9\text{ dm} \approx 226{,}19\text{ dm}^2$

Frau Füll muss für ca. 227 dm^2 Lack kaufen.

Hier musst du aufrunden, Lack für 226 dm^2 reichen nicht.

206. $V = \frac{1}{3} \cdot a^2 \cdot h \rightarrow h = \frac{3V}{a^2}$

$h = \frac{3 \cdot 96 \text{ dm}^3}{(6 \text{ dm})^2} = 8 \text{ dm}$

207. $V = \frac{1}{3} \cdot a^2 \cdot h \rightarrow a^2 = \frac{3V}{h}$

$a^2 = \frac{3 \cdot 768 \text{ cm}^3}{16 \text{ cm}}$

$a^2 = 144 \text{ cm}^2$

$a = 12 \text{ cm}$

208. Du kannst das „H“ in sieben Würfel mit der Kantenlänge $a = 3$ cm aufteilen.

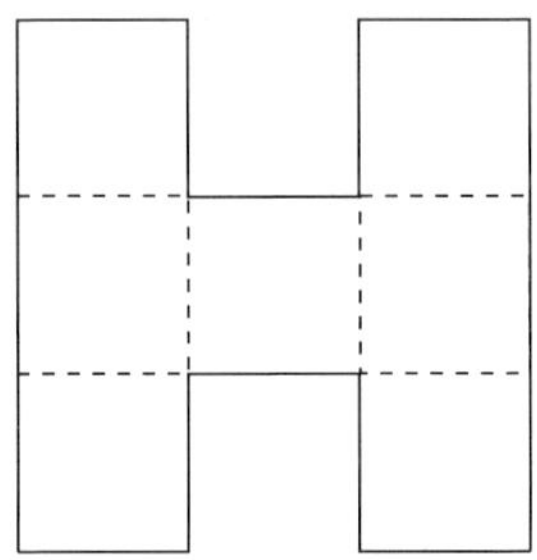

Volumen eines Würfels:
$V = a^3 = a \cdot a \cdot a$
$V = 3 \text{ cm} \cdot 3 \text{ cm} \cdot 3 \text{ cm} = 27 \text{ cm}^3$
Volumen des „H“:
$V_H = 7 \cdot 27 \text{ cm}^3 = 189 \text{ cm}^3$

209. Der Körper kann in drei Quader aufgeteilt werden, die die Breite $b = 10$ cm haben.

Abmessungen:
Quader unten: $a = 6$ cm, $b = 10$ cm, $c = 2$ cm
Quader Mitte: $a = 4$ cm, $b = 10$ cm, $c = 2$ cm
Quader oben: $a = 2$ cm, $b = 10$ cm, $c = 2$ cm

Volumen der Quader: $V = a \cdot b \cdot c$
Quader unten: $V_u = 6 \text{ cm} \cdot 10 \text{ cm} \cdot 2 \text{ cm} = 120 \text{ cm}^3$
Quader Mitte: $V_m = 4 \text{ cm} \cdot 10 \text{ cm} \cdot 2 \text{ cm} = 80 \text{ cm}^3$
Quader oben: $V_o = 2 \text{ cm} \cdot 10 \text{ cm} \cdot 2 \text{ cm} = 40 \text{ cm}^3$

Gesamtvolumen:
$V = 120 \text{ cm}^3 + 80 \text{ cm}^3 + 40 \text{ cm}^3 = 240 \text{ cm}^3$

oder:
Für alle geraden Körper gilt: $V = \text{Grundfläche} \cdot \text{Höhe}$
Die Grundfläche setzt sich aus sechs Quadraten mit $a = 2$ cm zusammen.
Die Höhe des Körpers ist 10 cm.

Grundfläche:
$A_G = 6 \cdot 4\ cm^2 = 24\ cm^2$

Volumen:
$V = A_G \cdot h = 24\ cm^2 \cdot 10\ cm = 240\ cm^3$

210. Der Körper besteht aus einem Quader ($a = 13{,}5$ cm, $b = 6$ cm, $c = 3$ cm), dem ein Halbzylinder ($r = 2$ cm, $h = 13{,}5$ cm) ausgefräst wurde.

Für den Quader gilt:
$V_Q = a \cdot b \cdot c = 13{,}5\ cm \cdot 6\ cm \cdot 3\ cm = 243\ cm^3$

Für den Halbzylinder gilt:
$V_{HZ} = (\pi \cdot r^2 \cdot h) : 2 = (\pi \cdot 2\ cm \cdot 2\ cm \cdot 13{,}5\ cm) : 2 \approx 84{,}8\ cm^3$

Volumen des Körpers:
$V = 243\ cm^3 - 84{,}8\ cm^3 = 158{,}2\ cm^3$

211. Wenn du zuerst die Oberfläche eines Quaders mit den Maßen
Länge $a = 4\ cm + 3\ cm = 7\ cm$,
Breite $b = 3$ cm und
Höhe $c = 3\ cm + 2\ cm = 5\ cm$
berechnest, musst du noch zweimal die Fläche $3\ cm \cdot 2\ cm = 6\ cm^2$ subtrahieren, damit du die Oberfläche des zusammengesetzten Körpers erhältst.

$O = 2 \cdot a \cdot b + 2 \cdot a \cdot c + 2 \cdot b \cdot c$
$O = 42\ cm^2 + 70\ cm^2 + 30\ cm^2 = 142\ cm^2$

Abzuziehen sind $2 \cdot 6\ cm^2 = 12\ cm^2$.

Die gesuchte Oberfläche ist also $142\ cm^2 - 12\ cm^2 = 130\ cm^2$ groß.

212. Die Oberfläche des Zylinders besteht aus zwei Kreisflächen (Grund- und Deckfläche) sowie der Mantelfläche. Die Länge der Mantelfläche ist der Umfang der Grundfläche, ihre Breite die Höhe des Zylinders.
Daraus ergibt sich die Formel:
$O = 2 \cdot \pi \cdot r^2 + 2 \cdot \pi \cdot r \cdot h$
Man kann $2 \cdot \pi \cdot r$ ausklammern; dies führt zu: $O = 2 \cdot \pi \cdot r \cdot (r + h)$

Für den linken Zylinder gilt:
$O = 2 \cdot \pi \cdot 5\ cm \cdot (5\ cm + 12{,}8\ cm) \approx 559{,}2\ cm^2$

Für den rechten Zylinder gilt:
$O = 2 \cdot \pi \cdot 7{,}5\ cm \cdot (7{,}5\ cm + 5{,}7\ cm) \approx 622{,}0\ cm^2$

Der Unterschied beider Oberflächen beträgt:
$622{,}0\ cm^2 - 559{,}2\ cm^2 = 62{,}8\ cm^2$

Es können $62{,}8\ cm^2$ Blech eingespart werden.

213. Die Oberfläche der quadratischen Pyramide besteht aus …
- einem Quadrat mit $a = 6$ cm,
- vier Dreiecken mit $a = 6$ cm und $h_a = 6{,}7$ cm.

Fläche des Quadrats:
$A_Q = a^2 = 6\text{ cm} \cdot 6\text{ cm} = 36\text{ cm}^2$

Fläche des Dreiecks:
$$A_D = \frac{a \cdot h_a}{2} = \frac{6\text{ cm} \cdot 6{,}7\text{ cm}}{2} = 20{,}1\text{ cm}^2$$

Oberfläche der Pyramide:
$O_P = 36\text{ cm}^2 + 4 \cdot 20{,}1\text{ cm}^2 = 116{,}4\text{ cm}^2$

Oberfläche des Würfels:
$O_W = 6 \cdot a^2 = 6 \cdot (6\text{ cm})^2 = 216\text{ cm}^2$

Der Unterschied der Oberflächen beträgt $216\text{ cm}^2 - 116{,}4\text{ cm}^2 = 99{,}6\text{ cm}^2$.

214. Oberfläche Quader:
$O = 2 \cdot a \cdot b + 2 \cdot a \cdot c + 2 \cdot b \cdot c$
$O = 2 \cdot 8\text{ cm} \cdot 6\text{ cm} + 2 \cdot 8\text{ cm} \cdot 3\text{ cm} + 2 \cdot 6\text{ cm} \cdot 3\text{ cm} = 180\text{ cm}^2$

Eine Würfelseite ist also $180\text{ cm}^2 : 6 = 30\text{ cm}^2$ groß.

215. Der Körper setzt sich aus einem Quader und einem Prisma zusammen, dessen Grundfläche ein rechtwinkliges Dreieck ist.

$V_Q = a \cdot b \cdot c$

$V_Q = 5\text{ cm} \cdot 3\text{ cm} \cdot 2{,}5\text{ cm} = 37{,}5\text{ cm}^3$

$V_P = \frac{1}{2} \cdot 6\text{ cm} \cdot 3\text{ cm} \cdot 2{,}5\text{ cm} = 22{,}5\text{ cm}^3$

$V = V_Q + V_P = 60\text{ cm}^3$

216. Das Volumen setzt sich aus dem eines Quaders und dem einer quadratischen Pyramide zusammen.

$V_Q = a \cdot b \cdot c$
$V_Q = 4\text{ cm} \cdot 4\text{ cm} \cdot 7\text{ cm} = 112\text{ cm}^3$

$V_P = \frac{1}{3} \cdot a^2 \cdot h$

$V_P = \frac{1}{3} \cdot (6\text{ cm})^2 \cdot 9\text{ cm} = 108\text{ cm}^3$

$V_{gesamt} = V_Q + V_P = 112\text{ cm}^3 + 108\text{ cm}^3 = 220\text{ cm}^3$

217. Die Buchstütze besteht aus einem Quader und einer Dreieckssäule.

Volumen des Quaders:

$V_Q = a \cdot b \cdot c$

$V_Q = 20\text{ cm} \cdot 3\text{ cm} \cdot 18\text{ cm} = 1\,080\text{ cm}^3$

Das Volumen der Dreieckssäule wird berechnet mit:

$V = \text{Grundfläche} \cdot \text{Höhe} = A_G \cdot h_c$

Die Grundfläche ist ein Dreieck mit $a = 12$ cm und $h_c = 18$ cm.

Fläche des Dreiecks:

$$A_G = \frac{c \cdot h_c}{2} = \frac{12\text{ cm} \cdot 18\text{ cm}}{2} = 108\text{ cm}^2$$

Volumen der Dreieckssäule:

$V_D = 108\text{ cm}^2 \cdot 3\text{ cm} = 324\text{ cm}^3$

Gesamtvolumen der Buchstütze:

$V = 1\,080\text{ cm}^3 + 324\text{ cm}^3 = 1\,404\text{ cm}^3$

Masse:

$$m = 1\,404\text{ cm}^3 \cdot 0{,}7\ \frac{\text{g}}{\text{cm}^3} = 982{,}8\text{ g}$$

218. Die grau gefärbte Fläche ist ein Trapez.

Die Grundseite a ist 5 cm, die Seite c ist 2 cm und die Höhe h ist 5 cm lang.

$$A = \frac{a + c}{2} \cdot h = \frac{5\text{ cm} + 2\text{ cm}}{2} \cdot 5\text{ cm} = 3{,}5\text{ cm} \cdot 5\text{ cm} = 17{,}5\text{ cm}^2$$

219. $A_K = \pi \cdot r^2$

$A_K = \pi \cdot (2\text{ cm})^2 \approx 12{,}57\text{ cm}^2$

$$A_D = \frac{1}{2} \cdot g \cdot h$$

$$A_D = \frac{1}{2} \cdot 4\text{ cm} \cdot 4\text{ cm} = 8\text{ cm}^2$$

Der Kreis hat den größeren Flächeninhalt.

Unterschied:

$12{,}57\text{ cm}^2 - 8\text{ cm}^2 = 4{,}57\text{ cm}^2$

220. a = 3 cm, b = 2 cm, c = 1 cm

$V = a \cdot b \cdot c$
$V = 3\text{ cm} \cdot 2\text{ cm} \cdot 1\text{ cm} = 6\text{ cm}^3$

Länge wird verdoppelt: a → 2a
$V = 6\text{ cm} \cdot 2\text{ cm} \cdot 1\text{ cm} = 12\text{ cm}^3$

Wird die Länge des Quaders verdoppelt, verdoppelt sich auch das Volumen.

Länge wird halbiert: $a \rightarrow \frac{1}{2}a$

$V = 1{,}5\text{ cm} \cdot 2\text{ cm} \cdot 1\text{ cm} = 3\text{ cm}^3$

Wird die Länge halbiert, so wird auch das Volumen halbiert.

221. Das Werkstück besteht aus …
- einem Zylinder mit r = 2 cm und h = 2,6 cm,
- einem Quader mit a = 6 cm, b = 2,6 cm und c = 1,3 cm.

Volumen des Zylinders:
$V = \pi \cdot r^2 \cdot h = \pi \cdot 4\text{ cm}^2 \cdot 2{,}6\text{ cm} \approx 32{,}7\text{ cm}^3$

Volumen des Quaders:
$V = a \cdot b \cdot c = 6\text{ cm} \cdot 2{,}6\text{ cm} \cdot 1{,}3\text{ cm} \approx 20{,}3\text{ cm}^3$

Gesamtvolumen:
$V = 32{,}7\text{ cm}^3 + 20{,}3\text{ cm}^3 = 53\text{ cm}^3$

222. Es gilt: $\overline{BD} = \overline{B'D}$, $\overline{CE} = \overline{C'E}$ und $\overline{AF} = \overline{A'F}$

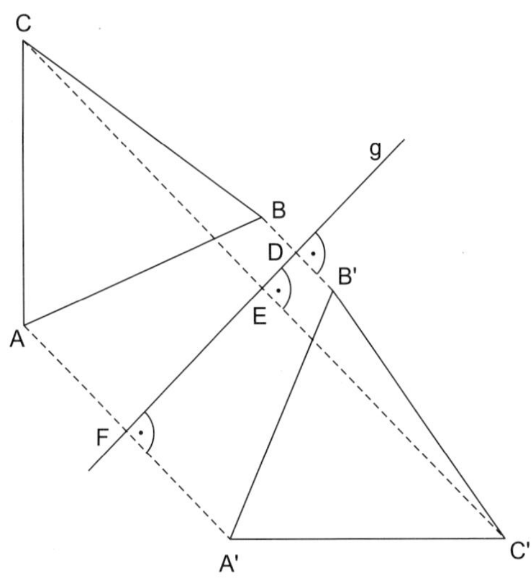

223.

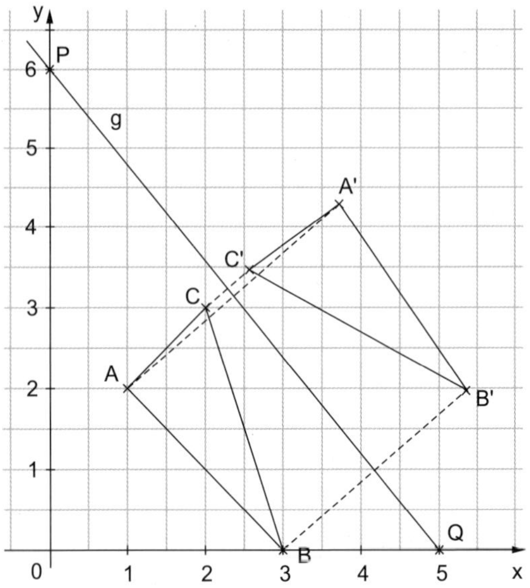

224. Verbinde A und A'. Ermittle den Mittelpunkt E dieser Strecke. Verbinde C mit C'. Der Mittelpunkt dieser Strecke sei F. Die Spiegelachse ist die Gerade EF.

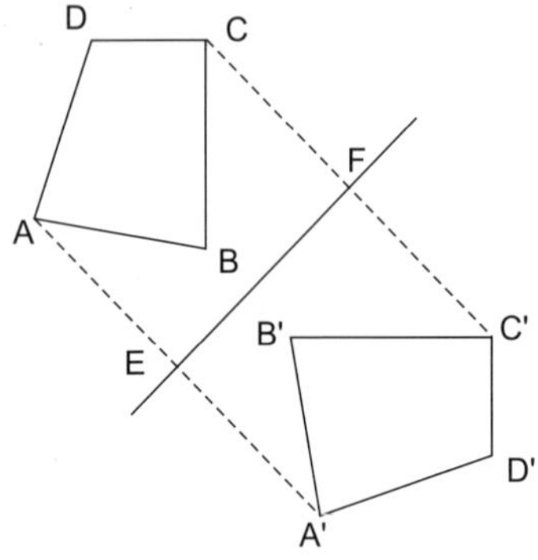

Maßstab 1 : 2

225. a) Es wurde richtig gespiegelt, A und A', B und B' sowie C und C' haben jeweils denselben Abstand zur Spiegelachse.

b) Es wurde nicht richtig gespiegelt, da A und A' bzw. B und B' nicht gleich weit von g entfernt sind.

226.

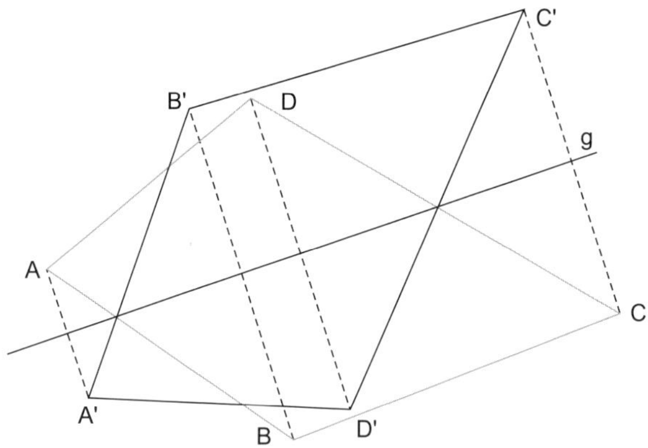

227. a) gleichschenkliges Dreieck; rechtwinkliges Dreieck

b) gleichseitiges Dreieck; spitzwinkliges Dreieck

c) gleichschenkliges Dreieck; stumpfwinkliges Dreieck

228. [X] Jedes gleichseitige Dreieck ist auch gleichschenklig.
Ein gleichseitiges Dreieck hat drei gleich lange Seiten.

[ ] Jedes gleichschenklige Dreieck ist spitzwinklig.
Gegenbeispiel: Stumpfer Winkel 120°, Basiswinkel je 30°

[ ] Ein stumpfwinkliges Dreieck kann auch rechtwinklig sein.
Hat ein Winkel 90°, bleiben für die beiden anderen Winkel zusammen ebenfalls 90°. Damit kann kein Winkel größer als 90° sein.

[X] Ein rechtwinkliges Dreieck kann nicht gleichseitig sein.
Beim gleichseitigen Dreieck sind alle Winkel 60° groß.

229. $\gamma = 180° - (\alpha + \beta) = 180° - (15° + 85°) = 180° - 100° = 80°$

230. 1. Fall: ΔABC gleichschenklig mit $\overline{AC} = \overline{BC}$
Dann ist: $\alpha = \beta = 34°$,
$\gamma = 180° - (\alpha + \beta) = 180° - (34° + 34°) = 180° - 68° = 112°$

2. Fall: ΔABC gleichschenklig mit $\overline{AB} = \overline{AC}$
Dann ist: $\beta = \gamma$, $\alpha = 34°$,
also $180° = \alpha + \beta + \gamma = \alpha + 2\beta$
$\rightarrow\ 2\beta = 180° - \alpha = 180° - 34° = 146°$
$\rightarrow\ \beta = \gamma = 73°$

3. Fall: ΔABC gleichschenklig mit $\overline{AB} = \overline{BC}$
Dann ist: $\alpha = \gamma = 34°$, $\beta = 112°$

231. $\beta = 35° + 35° = 70°$

$\gamma = 25° + 30° = 55°$

$\alpha = 180° - (\beta + \gamma)$
$\alpha = 180° - (70° + 55°) = 180° - 125° = 55°$

$\delta_1 = 180° - (35° + \alpha)$
$\delta_1 = 180° - (35° + 55°) = 180° - 90° = 90°$

$\delta_2 = 180° - (35° + \gamma)$
$\delta_2 = 180° - (35° + 55°) = 180° - 90° = 90°$
(oder $\delta_2 = 180° - \delta_1 = 90°$)

$\varepsilon_2 = 180° - (35° + 25°) = 180° - 60° = 120°$

$\varepsilon_1 = 180° - (30° + \delta_2)$
$\varepsilon_1 = 180° - (30° + 90°) = 180° - 120° = 60°$
(oder $\varepsilon_1 = 180° - \varepsilon_2 = 60°$)

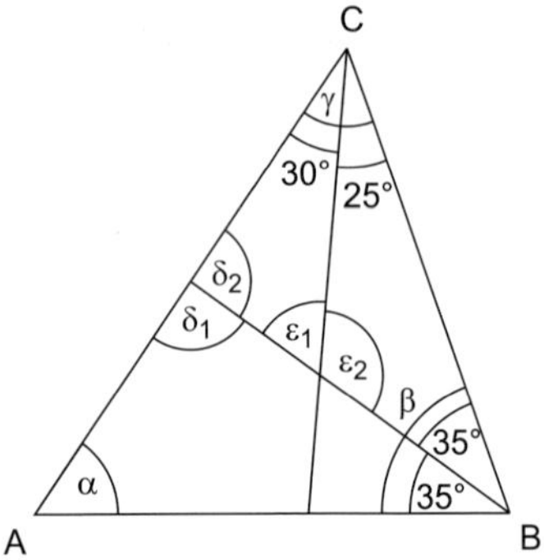

232. a) Konstruktionstext:
Zeichne $b = 6$ cm. Trage in A den Winkel $\alpha = 45°$ und in C den Winkel $\gamma = 60°$ an. Die beiden freien Schenkel schneiden sich in B.

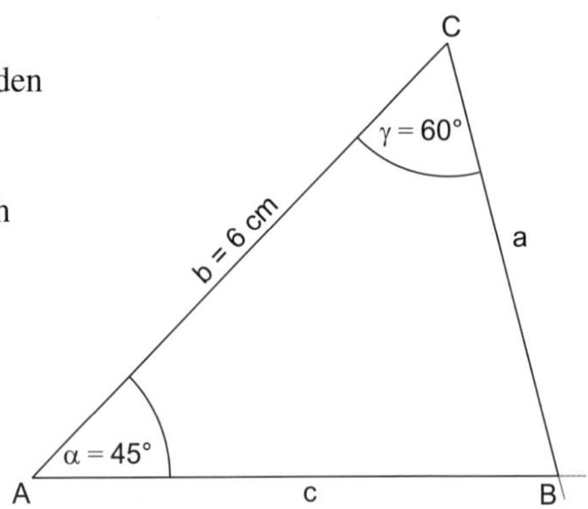

b) Konstruktionstext:
Zeichne $c = 4$ cm.
Schlage um A einen Kreis mit $r = b = 5$ cm und um B einen Kreis mit $r = a = 3$ cm. Die beiden Kreise schneiden sich in C.
Verbinde A mit C und B mit C.

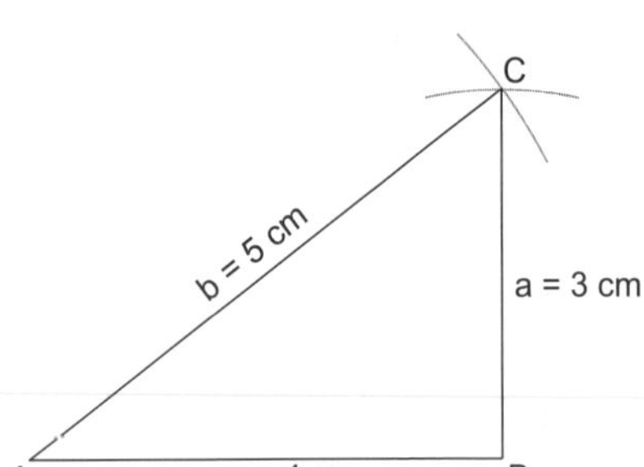

c) Konstruktionstext:
Zeichne den Winkel $\gamma = 50°$.
Trage auf den freien Schenkeln $a = 5{,}5$ cm und $b = 4{,}5$ cm ab.
Verbinde A mit B.

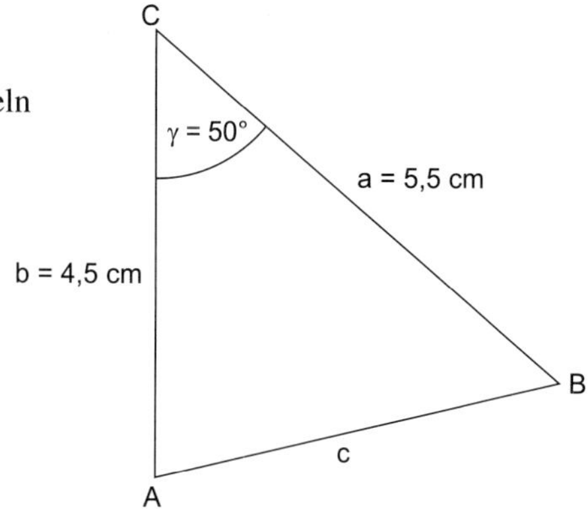

d) Konstruktionstext: Zeichne $c = 7$ cm. Lege in A den Winkel $\alpha = 60°$ an. Zeichne eine Parallele zu c im Abstand $h_c = 4$ cm. Sie schneidet den freien Schenkel von α in C. Verbinde B mit C.

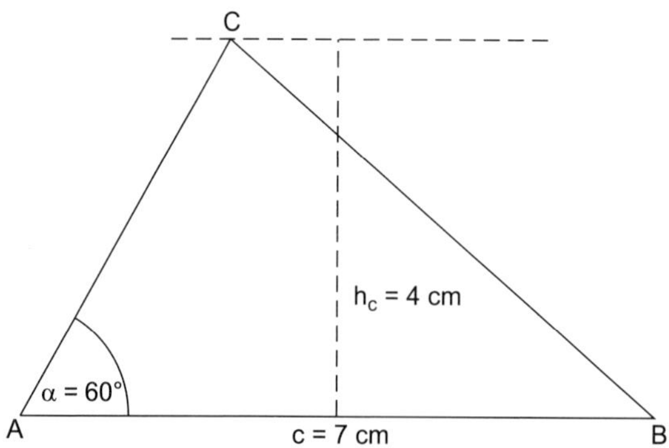

233. a) Das Dreieck lässt sich nicht zeichnen, denn:
Zeichne $c = 3{,}5$ cm. Schlage um A einen Kreis mit $b = 2$ cm und um B einen Kreis mit $a = 7$ cm. Die Kreise schneiden sich nicht!

b) Das Dreieck lässt sich eindeutig zeichnen.

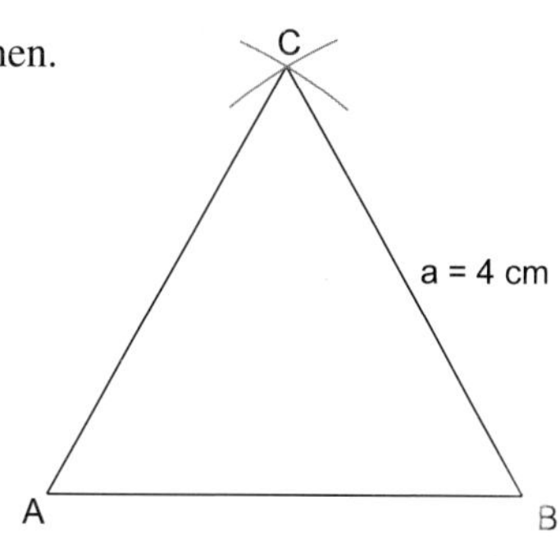

c) Die Angaben ergeben kein eindeutiges Dreieck, da keine Seitenlänge angegeben ist. Es lassen sich beliebig viele Dreiecke mit $\alpha = 25°$, $\beta = 100°$ und $\gamma = 55°$ konstruieren.

234.

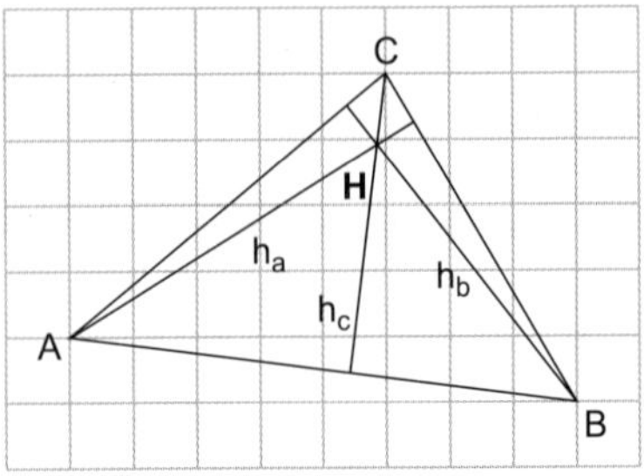

235.

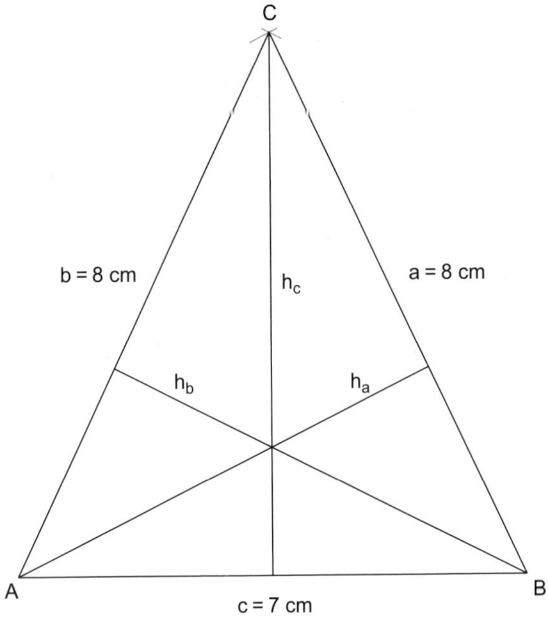

236.

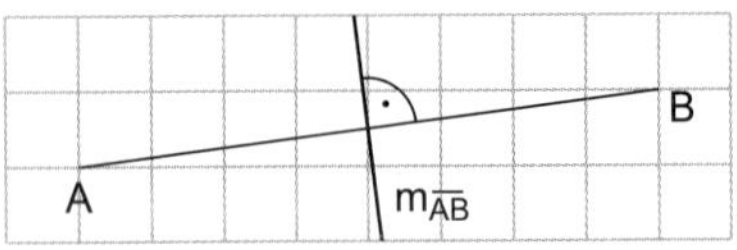

237.

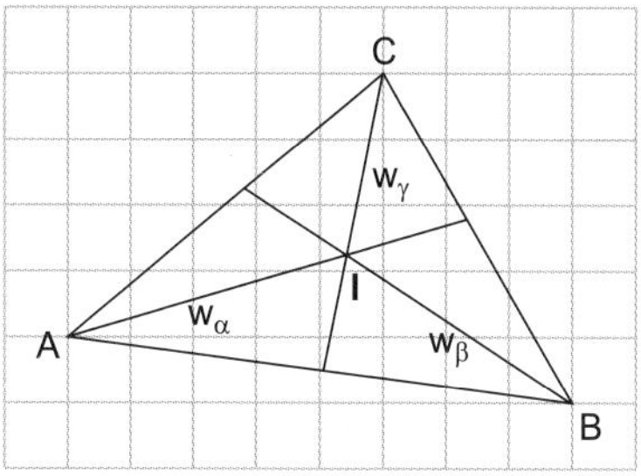

238.

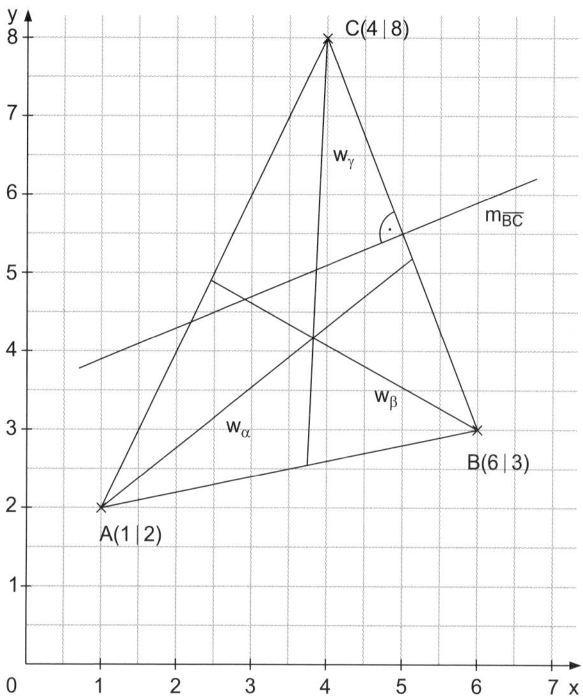

239. $c = \sqrt{a^2 + b^2}$

$c = \sqrt{6^2 + 2{,}5^2}\ \text{cm} = \sqrt{36 + 6{,}25}\ \text{cm} = \sqrt{42{,}25}\ \text{cm} = 6{,}5\ \text{cm}$

240. $b = \sqrt{c^2 - a^2}$

$b = \sqrt{16{,}6^2 - 8{,}3^2}\ \text{cm} = \sqrt{275{,}56 - 68{,}89}\ \text{cm} = \sqrt{206{,}67}\ \text{cm} \approx 14{,}4\ \text{cm}$

241. a) $a^2 = 4^2 = 16$ $b^2 = 11^2 = 121$ $c^2 = 13^2 = 169$

$16 + 121 \neq 169$

Das Dreieck ist nicht rechtwinklig.

b) $a^2 = 8^2 = 64$ $b^2 = 5^2 = 25$ $c^2 = 4^2 = 16$

$25 + 16 \neq 64$

Das Dreieck ist nicht rechtwinklig.

c) $a^2 = 15^2 = 225$ $b^2 = 20^2 = 400$ $c^2 = 25^2 = 625$

$225 + 400 = 625$

Das Dreieck ist rechtwinklig.

d) $a^2 = 8^2 = 64$ $b^2 = 15^2 = 225$ $c^2 = 17^2 = 289$

$64 + 225 = 289$

Das Dreieck ist rechtwinkig.

242. Kathete a = 30 m, Hypotenuse c = 50 m

Höhe = Kathete b

$$b = \sqrt{c^2 - a^2}$$

$$b = \sqrt{50^2 - 30^2}\ \text{m} = \sqrt{2\,500 - 900}\ \text{m} = \sqrt{1\,600}\ \text{m} = 40\ \text{m}$$

Die Seile sind in einer Höhe von 40 m am Mast befestigt.

243. Der Schnittpunkt der beiden Diagonalen sei M.

Dann gilt für $\overline{BM}$ im Dreieck BCM der Satz des Pythagoras:

$$\overline{BC}^2 = \overline{BM}^2 + \overline{CM}^2$$

$$\overline{BM} = \sqrt{\overline{BC}^2 - \overline{CM}^2} = \sqrt{100 - 16}\ \text{cm} \approx 9{,}2\ \text{cm}$$

Für $\overline{DM}$ im Dreieck CDM gilt:

$$\overline{CD}^2 = \overline{CM}^2 + \overline{DM}^2$$

$$\overline{DM} = \sqrt{\overline{CD}^2 - \overline{CM}^2} = \sqrt{42{,}25 - 16}\ \text{cm} \approx 5{,}1\ \text{cm}$$

Die Diagonale $\overline{BD}$ ist 9,2 cm + 5,1 cm = 14,3 cm lang.

244. a) $$h_c = \sqrt{b^2 - \left(\frac{c}{2}\right)^2}$$

$$h_c = \sqrt{8^2 - 3{,}25^2}\ \text{cm} = \sqrt{53{,}4375}\ \text{cm} \approx 7{,}31\ \text{cm}$$

b) $$A = \frac{c \cdot h_c}{2} = \frac{6{,}5\ \text{cm} \cdot 7{,}31\ \text{cm}}{2} \approx 23{,}76\ \text{cm}^2$$

245. Der Umfang der Figur setzt sich aus den Katheten des rechtwinkligen Dreiecks und dem Halbkreisbogen zusammen. Der Durchmesser des Halbkreises ist die Hypotenuse des rechtwinkligen Dreiecks.

$$d = \sqrt{6^2 + 8^2}\ \text{cm} = \sqrt{36 + 64}\ \text{cm} = \sqrt{100}\ \text{cm} = 10\ \text{cm} \quad \rightarrow \quad r = \frac{d}{2} = 5\ \text{cm}$$

Halbkreisbogen:

$$u_{\text{Halbkreis}} = \frac{1}{2} \cdot 2 \cdot \pi \cdot r$$

$$u_{\text{Halbkreis}} = \frac{1}{2} \cdot 2 \cdot \pi \cdot 5\ \text{cm} = \pi \cdot 5\ \text{cm} \approx 15{,}7\ \text{cm}$$

Umfang u der Figur:
$u = 15{,}7\ \text{cm} + 6\ \text{cm} + 8\ \text{cm} = 29{,}7\ \text{cm}$

246. Diagonale d des Rechtecks:

$$d = \sqrt{75^2 + 60^2}\ \text{m} = \sqrt{5\,625 + 3\,600}\ \text{m} = \sqrt{9\,225}\ \text{m} \approx 96\ \text{m}$$

Eine „Runde“ s besteht aus zweimal 60 m und zweimal der Diagonalen (= 96 m):
$s = 2 \cdot 60\ \text{m} + 2 \cdot 96\ \text{m} = 312\ \text{m}$

a) Zehn Runden: $10 \cdot 312\ \text{m} = 3\,120\ \text{m} = 3{,}120\ \text{km}$

Paul hat nicht recht, da die zehn Runden nur 3,120 km und nicht 3,5 km betragen.

b) Geschwindigkeit $v = \frac{s}{t}$

$$v = \frac{3{,}120\ \text{km}}{15\ \text{min}} = \frac{3{,}120\ \text{km}}{0{,}25\ \text{h}} = 12{,}48\ \frac{\text{km}}{\text{h}}$$

247. Die graue Fläche ist eine Kreisfläche abzüglich einer Rechtecksfläche. Zur Berechnung der Kreisfläche brauchst du den Durchmesser bzw. den Radius des Kreises. Diesen kannst du mithilfe des Satzes des Pythagoras berechnen.
Der Kreisdurchmesser d, der von einem Eckpunkt des Rechtecks zum diagonal gegenüberliegenden führt, ist die Hypotenuse eines rechtwinkligen Dreiecks, dessen beide Katheten Länge und Breite des Rechtecks bilden.

Es gilt für den Durchmesser d:

$$d = \sqrt{7{,}2^2 + 3^2}\ \text{cm} = 7{,}8\ \text{cm}$$

Der Radius ist also $7{,}8\ \text{cm} : 2 = 3{,}9\ \text{cm}$.

Kreisfläche:
$A = \pi \cdot r^2$
$A = \pi \cdot (3{,}9\text{ cm})^2 \approx 47{,}8\text{ cm}^2$

Fläche des Rechtecks:
$A = a \cdot b$
$A = 7{,}2\text{ cm} \cdot 3\text{ cm} = 21{,}6\text{ cm}^2$

Graue Fläche:
$A = 47{,}8\text{ cm}^2 - 21{,}6\text{ cm}^2 = 26{,}2\text{ cm}^2$

248. Der Umfang besteht aus drei Strecken mit 6 cm und einer Strecke mit 4,5 cm Länge. Dazu kommen drei Diagonalen in Rechtecken mit a = 6 cm und b = 4,5 cm. Die Diagonalen werden mithilfe des Satzes des Pythagoras berechnet. Sie sind die Hypotenusen von rechtwinkligen Dreiecken mit den Katheten 6 cm und 4,5 cm.

Länge einer Diagonale:

$d = \sqrt{6^2 + 4{,}5^2}\text{ cm} = \sqrt{36 + 20{,}25}\text{ cm} = \sqrt{56{,}25}\text{ cm} = 7{,}5\text{ cm}$

Umfang der Figur:
$u = 3 \cdot 7{,}5\text{ cm} + 3 \cdot 6\text{ cm} + 4{,}5\text{ cm} = 45\text{ cm}$

249. Zuerst musst du die Seitenlänge des Quadrats berechnen. Sie ist die Kathete b im rechtwinkligen Dreieck mit der Kathete a = 10 cm und der Hypotenuse c = 26 cm.

Nach dem Satz des Pythagoras gilt:

$b = \sqrt{c^2 - a^2}$

$b = \sqrt{26^2 - 10^2}\text{ cm} = \sqrt{676 - 100}\text{ cm} = \sqrt{576}\text{ cm} = 24\text{ cm}$

Die Diagonale im Quadrat ist die Hypotenuse c in einem rechtwinkligen Dreieck mit den Katheten a = b = 24 cm.

Nach dem Satz des Pythagoras gilt:

$c = \sqrt{24^2 + 24^2}\text{ cm} = \sqrt{576 + 576}\text{ cm} = \sqrt{1188}\text{ cm} \approx 33{,}9\text{ cm}$

250. Für x gilt nach dem Satz des Pythagoras:

$x = \sqrt{8^2 - 6^2}\text{ cm} = \sqrt{64 - 36}\text{ cm}$
$= \sqrt{28}\text{ cm} \approx 5{,}3\text{ cm}$

Dann ist:

$\overline{AB} = 8\text{ cm} + 2 \cdot 5{,}3\text{ cm}$
$= 18{,}6\text{ cm}$

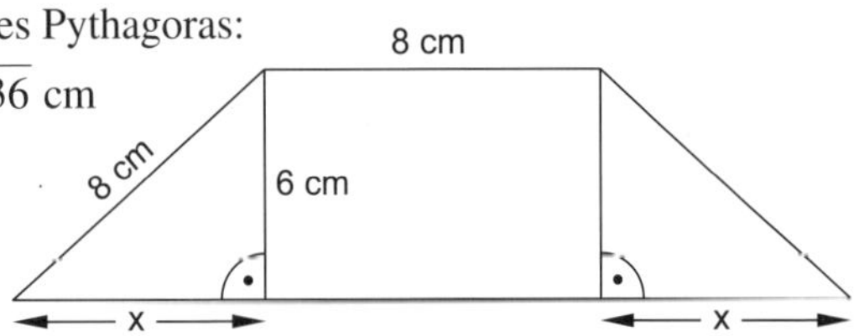

(Skizze ohne Maßstab)

251. Die Länge a des Rechtecks ist die Hypotenuse in einem rechtwinkligen Dreieck.

Es gilt nach dem Satz des Pythagoras:

$a = \sqrt{6^2 + 6,6^2}\ \text{cm} = \sqrt{36 + 43,56}\ \text{cm} = \sqrt{79,56}\ \text{cm} \approx 8,9\,\text{cm}$

Die Breite b des Rechtecks ist die Kathete eines rechtwinkligen Dreiecks.

Es gilt nach dem Satz des Pythagoras:

$b = \sqrt{7,6^2 - 5^2}\ \text{cm} = \sqrt{57,76 - 25}\ \text{cm} = \sqrt{32,76}\ \text{cm} \approx 5,7\,\text{cm}$

Die Fläche des Rechtecks beträgt $A = 8,9\ \text{cm} \cdot 5,7\ \text{cm} = 50,73\ \text{cm}^2$.

252. Netz I:

$2+4=6$ ☒ $1+6=7$ ☑ $5+3=8$ ☒

Netz II:

$3+4=7$ ☑ $1+6=7$ ☑ $2+5=7$ ☑

Netz III:

$3+4=7$ ☑ $1+6=7$ ☑ $2+5=7$ ☑

Netz IV:

$5+2=7$ ☑ $1+3=4$ ☒ $4+6=10$ ☒

253. a)

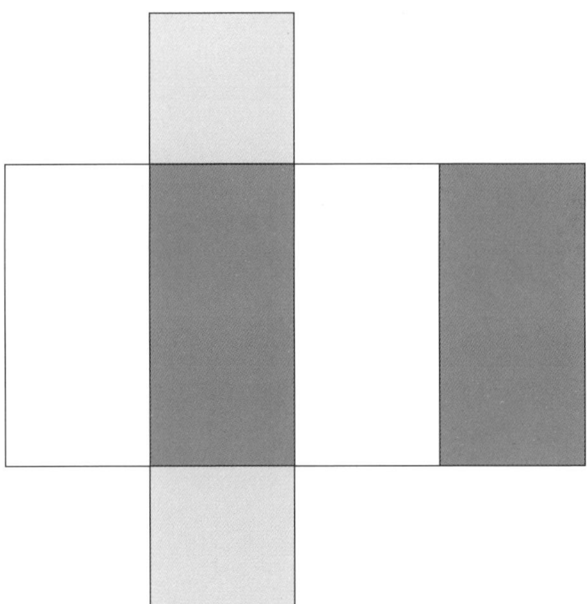

b)

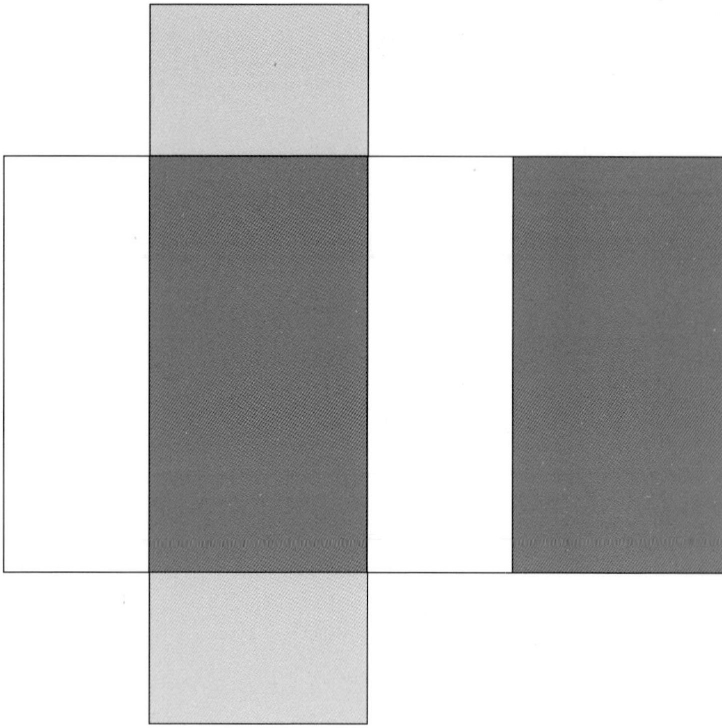

254. a)

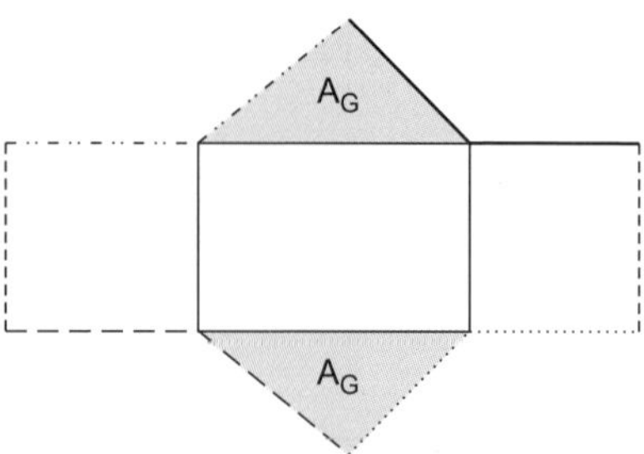

b)

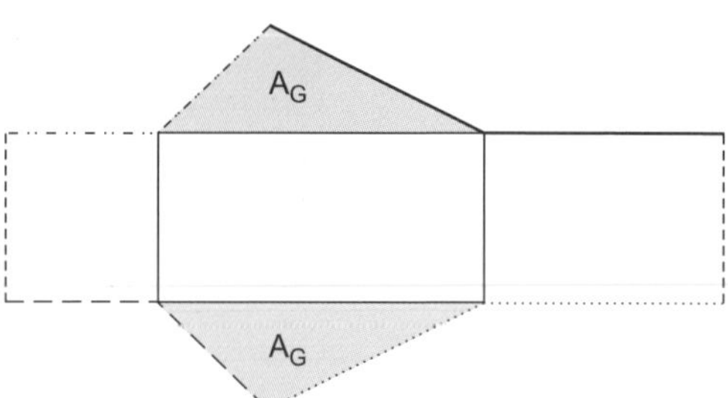

255.

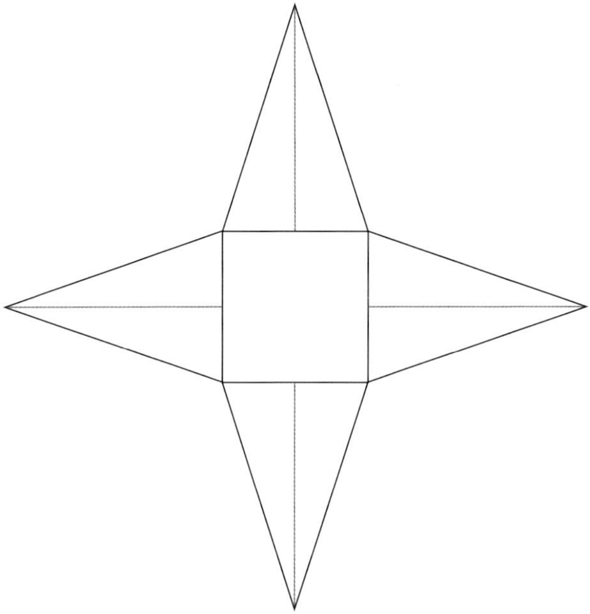

256. $V = a^3$

$V = 512\ dm^3 \rightarrow a^3 = 512\ dm^3 \rightarrow a = 8\ dm$

$O = 6 \cdot a^2 \rightarrow O = 6 \cdot 64\ dm^2 = 384\ dm^2$

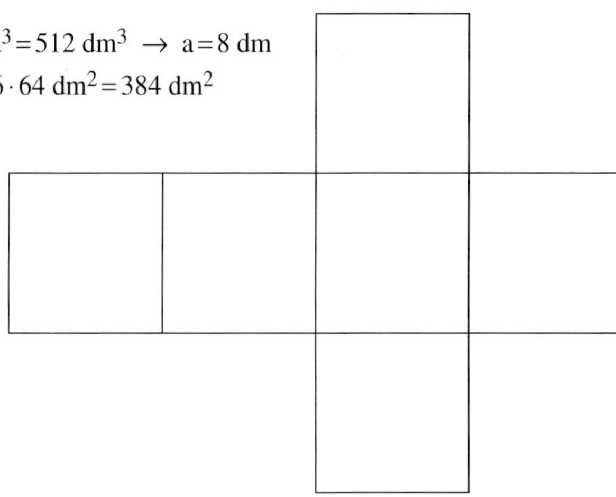

Maßstab 1 : 40

257. Um das Netz zeichnen zu können, muss man zuerst den Radius der Grundfläche berechnen. Damit kann der Umfang berechnet werden, der die Länge der Mantelfläche bestimmt.

$$A = \pi \cdot r^2 \qquad |:\pi$$

$$\frac{A}{\pi} = r^2 \qquad |\sqrt{}$$

$$\sqrt{\frac{A}{\pi}} = r$$

$$r = \sqrt{\frac{38{,}48\ \text{cm}}{\pi}} \approx 3{,}5\ \text{cm}$$

$$u = 2 \cdot \pi \cdot r$$
$$u = 2 \cdot \pi \cdot 3{,}5\ \text{cm} \approx 22\ \text{cm}$$

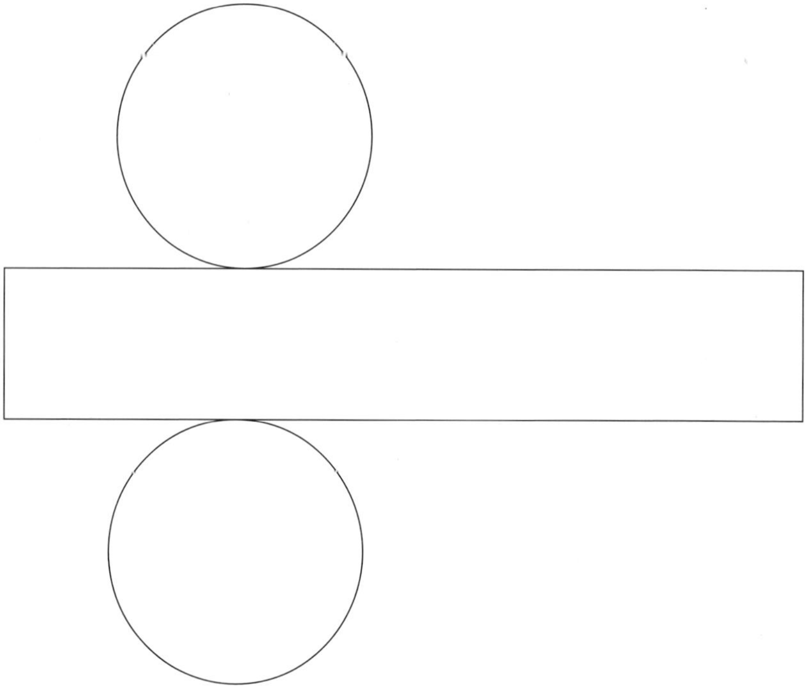

(Maßstab 1 : 2)

258. a)

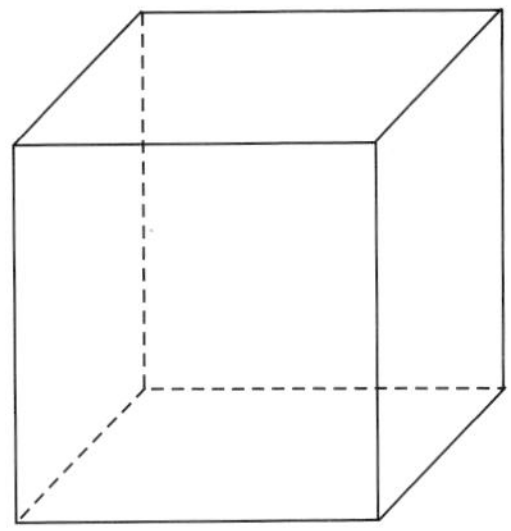

b)

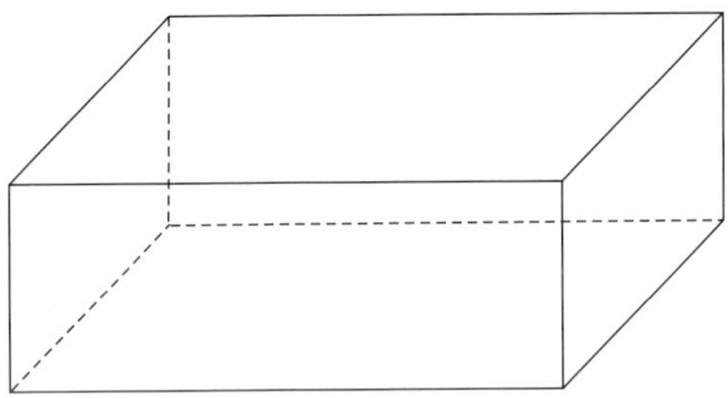

259.

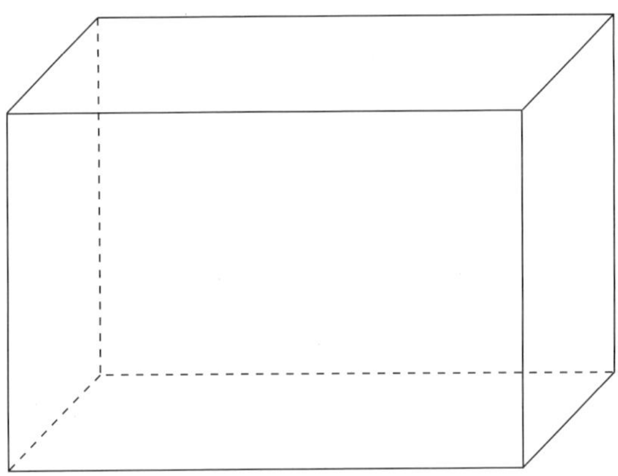

260.

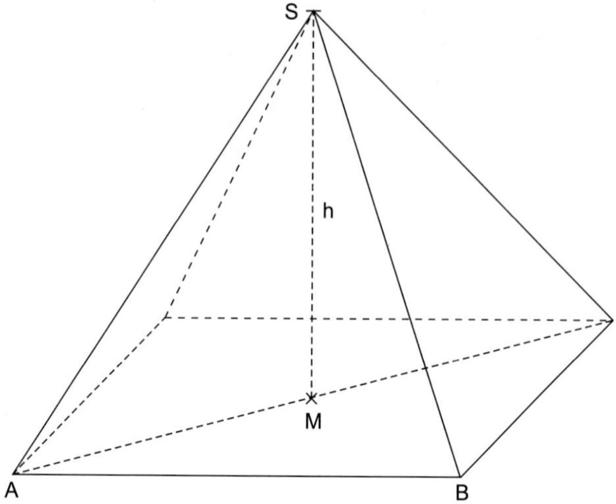

261.

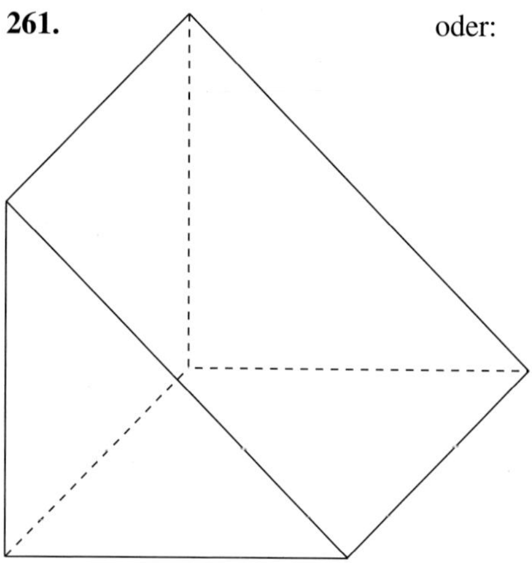

oder:

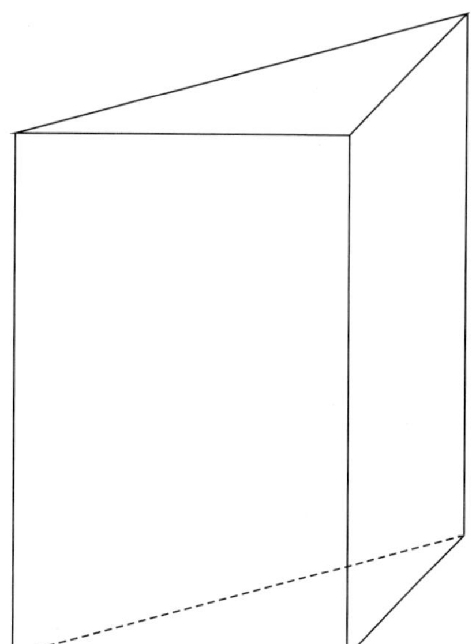

262. a)

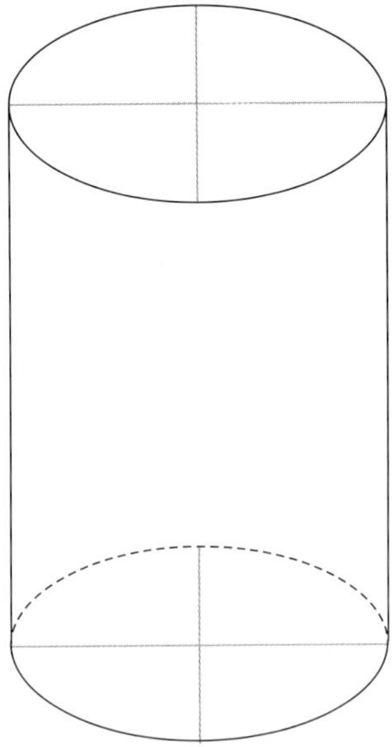

b)

263. Maßstab 1 : 100

$V = (2{,}2\text{ m})^3 = 10{,}648\text{ m}^3$

$O = 6 \cdot (2{,}2\text{ m})^2 = 29{,}04\text{ m}^2$

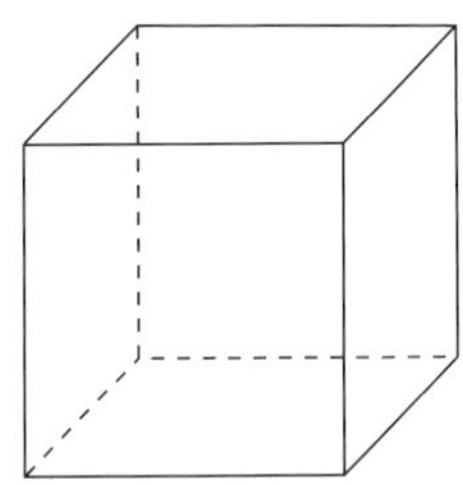

264. a) $\alpha + 35° + 90° = 180°$

$\alpha + 125° = 180°$

$\alpha = 55°$

b) Nach dem Satz des Pythagoras gilt:

$c^2 = a^2 + b^2$

$c = \sqrt{a^2 + b^2} = \sqrt{9^2 + 15^2}\text{ cm} = \sqrt{306}\text{ cm} \approx 17{,}5\text{ cm}$

Die Hypotenuse ist 17,5 cm lang.

Umfang des Dreiecks:

$9\text{ cm} + 15\text{ cm} + 17{,}5\text{ cm} = 41{,}5\text{ cm}$

265.

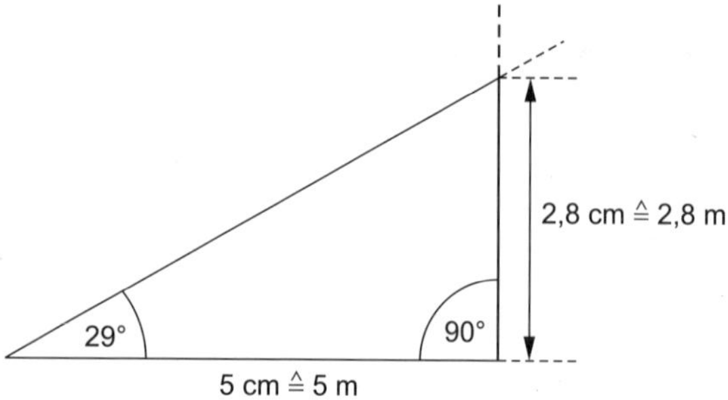

Die Litfaßsäule ist 2,8 m hoch.

266. a)
b)

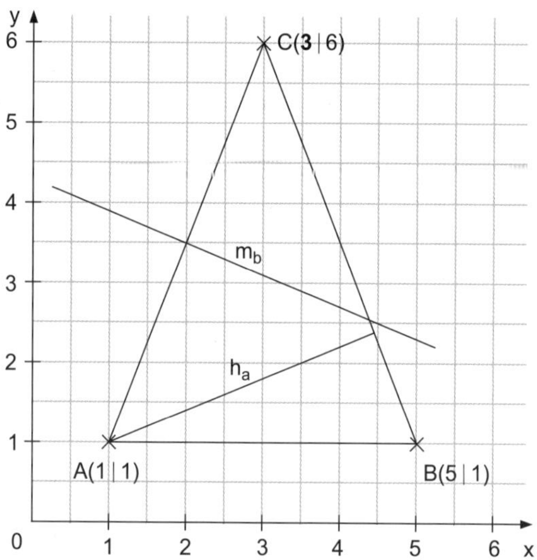

c) $a^2 = h_c^2 + \left(\frac{c}{2}\right)^2$

$a = \sqrt{h_c^2 + \left(\frac{c}{2}\right)^2} = \sqrt{5^2 + 2^2}\ \text{cm} = \sqrt{29}\ \text{cm} \approx 5{,}39\ \text{cm}$

267. Um den Umfang der grau gefärbten Fläche bestimmen zu können, müssen die Hypotenusen der beiden rechtwinkligen Dreiecke berechnet werden. Dazu braucht man den Satz des Pythagoras.

Die Hypotenuse wird jeweils mit c bezeichnet, die Katheten mit a und b.

Kleines Dreieck (a = 30 cm, b = 12 cm):

$c^2 = a^2 + b^2$

$c = \sqrt{a^2 + b^2} = \sqrt{30^2 + 12^2}\ \text{cm} = \sqrt{900 + 144}\ \text{cm} \approx 32{,}3\ \text{cm}$

Großes Dreieck (a = 30 cm, b = 34 cm):

$c = \sqrt{30^2 + 34^2}\ \text{cm} = \sqrt{900 + 1\,156}\ \text{cm} \approx 45{,}3\ \text{cm}$

Umfang der Figur:

$u = 30\ \text{cm} + 30\ \text{cm} + 32{,}3\ \text{cm} + 22\ \text{cm} + 45{,}3\ \text{cm} = 159{,}6\ \text{cm}$

268. Maßstab 3 : 1 heißt „um das Dreifache vergrößern“.
Breite: 1,5 cm · 3 = 4,5 cm; Länge: 3 cm · 3 = 9 cm

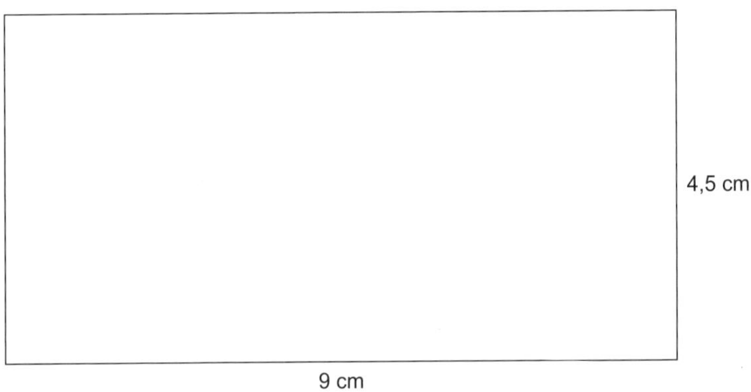

269. $1\ \text{cm} \mathrel{\hat{=}} 600\ \text{cm} = 6\ \text{m}$

$12\ \text{cm} \mathrel{\hat{=}} 72\ \text{m}$

$3{,}5\ \text{cm} \mathrel{\hat{=}} 21\ \text{m}$

Das Flugzeug ist in Wirklichkeit 72 m lang und 21 m hoch.

270. Maßstab 1 : 20, d. h. $1\ \text{cm} \mathrel{\hat{=}} 20\ \text{cm}$
Aus der Zeichnung: Höhe $1\ \text{cm} \mathrel{\hat{=}} 20\ \text{cm}$

Die unterste Stufe des Podestes ist 20 cm hoch.

271. a) $1\ \text{cm} \mathrel{\hat{=}} 20\,000\,000\ \text{cm} = 200\,000\ \text{m} = 200\ \text{km}$

$3{,}2\ \text{cm} \mathrel{\hat{=}} 3{,}2 \cdot 200\ \text{km} = 640\ \text{km}$

Die Entfernung Frankfurt am Main – London beträgt 640 km.

b) $200\text{ km} \mathrel{\hat{=}} 1\text{ cm}$

$$1\text{ km} \mathrel{\hat{=}} \frac{1}{200}\text{ cm}$$

$$900\text{ km} \mathrel{\hat{=}} \frac{900}{200}\text{ cm} = 4{,}5\text{ cm}$$

Auf der Karte haben Berlin und London den Abstand 4,5 cm.

272. $1\text{ cm} \mathrel{\hat{=}} 50\,000\text{ cm} = 500\text{ m} = 0{,}5\text{ km}$

$0{,}5\text{ km} \mathrel{\hat{=}} 1\text{ cm}$

$1\text{ km} \mathrel{\hat{=}} 2\text{ cm}$

$3{,}050\text{ km} \mathrel{\hat{=}} 6{,}1\text{ cm}$

Die Länge des Tunnels beträgt auf der Karte 6,1 cm.

273. a) $1\text{ cm} \mathrel{\hat{=}} 50\,000\text{ cm} = 500\text{ m} = 0{,}5\text{ km}$

$32\text{ cm} \mathrel{\hat{=}} 16\text{ km}$

Frau Flink ist 16 km vom Ziel entfernt.

b) $100\,000\text{ cm} = 1\,000\text{ m} = 1\text{ km} \mathrel{\hat{=}} 1\text{ cm}$

$16\text{ km} \mathrel{\hat{=}} 16\text{ cm}$

Auf einer Karte mit dem Maßstab 1 : 100 000 hätte die Strecke eine Länge von 16 cm.

274. Maßstab 1 : 200 heißt, dass 1 cm in der Zeichnung in Wirklichkeit 200 cm entspricht.

Länge des Zimmers: $4{,}4\text{ cm} \cdot 200 = 880\text{ cm} = 8{,}8\text{ m}$
Breite des Zimmers: $3{,}6\text{ cm} \cdot 200 = 720\text{ cm} = 7{,}2\text{ m}$

Fläche des Zimmers: $A = a \cdot b = 8{,}8\text{ m} \cdot 7{,}2\text{ m} = 63{,}36\text{ m}^2$

Der Flächeninhalt des Zimmers beträgt $63{,}36\text{ m}^2$.

275. Ein Blatt DIN-A4-Papier ist ca. 30 cm lang und 21 cm breit.
$4{,}5\text{ m} = 450\text{ cm}$; $3{,}5\text{ m} = 350\text{ cm}$
Ein geeigneter Maßstab ist z. B. 1 : 20:

$20\text{ cm} \mathrel{\hat{=}} 1\text{ cm}$

$450\text{ cm} \mathrel{\hat{=}} 22{,}5\text{ cm}$

$350\text{ cm} \mathrel{\hat{=}} 17{,}5\text{ cm}$

Zeichne auf ein Blatt DIN-A4-Papier ein Rechteck mit einer Länge von 22,5 cm und einer Breite von 17,5 cm.

276. Der Maßstab 1 : 400 bedeutet, dass 1 cm in der Zeichnung in Wirklichkeit 400 cm = 4 m entspricht.

Wirkliche Länge: $6{,}3 \cdot 4\text{ m} = 25{,}2\text{ m}$
Wirkliche Breite: $2{,}4 \cdot 4\text{ m} = 9{,}6\text{ m}$

Umfang: $u = 2 \cdot a + 2 \cdot b = 2 \cdot 25{,}2\text{ m} + 2 \cdot 9{,}6\text{ m} = 50{,}4\text{ m} + 19{,}2\text{ m} = 69{,}6\text{ m}$
Das Rechteck hat in Wirklichkeit einen Umfang von 69,6 m.

277. a) $1\text{ cm} \mathrel{\hat{=}} 50\text{ cm} = 0{,}5\text{ m}$
$25\text{ cm} \mathrel{\hat{=}} 12{,}5\text{ m}$
$20\text{ cm} \mathrel{\hat{=}} 10\text{ m}$
Das Haus ist in Wirklichkeit 12,5 m lang und 10 m breit.

b) $A = 12{,}5\text{ m} \cdot 10\text{ m} = 125\text{ m}^2$
Die Grundfläche ist 125 m^2 groß.

c) $0{,}5\text{ m} \mathrel{\hat{=}} 1\text{ cm}$
$1\text{ m} \mathrel{\hat{=}} 2\text{ cm}$
$6\text{ m} \mathrel{\hat{=}} 12\text{ cm}$
$3\text{ m} \mathrel{\hat{=}} 6\text{ cm}$
Die Garage ist in der Zeichnung 12 cm lang und 6 cm breit.

278. Beim Maßstab 1 : 3 000 ist 1 cm im Bild in Wirklichkeit 3 000 cm.
Der Mammutbaum ist also $3 \cdot 3\,000\text{ cm} = 9\,000\text{ cm} = 90\text{ m}$ hoch.

Beim Maßstab 1 : 1 200 ist 1 cm im Bild in Wirklichkeit 1 200 cm.
Die Höhe der Fichte beträgt $3 \cdot 1\,200\text{ cm} = 3\,600\text{ cm} = 36\text{ m}$.

Der Mammutbaum ist $90\text{ m} - 36\text{ m} = 54\text{ m}$ höher als die Fichte.

279. 5 Flaschen $\mathrel{\hat{=}}$ 7,50 €
1 Flasche $\mathrel{\hat{=}}$ 7,50 € : 5 = 1,50 €
9 Flaschen $\mathrel{\hat{=}}$ 1,50 € · 9 = 13,50 €
Neun Flaschen kosten 13,50 €.

280. a) $450\text{ km} \mathrel{\hat{=}} 25{,}2\ \ell$
$1\text{ km} \mathrel{\hat{=}} 25{,}2\ \ell : 450 = 0{,}056\ \ell$
$800\text{ km} \mathrel{\hat{=}} 0{,}056\ \ell \cdot 800 = 44{,}8\ \ell$

Das Auto braucht auf 800 km 44,8 ℓ Benzin.

b) Wertetabelle:

km	50	100	150	200
ℓ	2,8	5,6	8,4	11,2

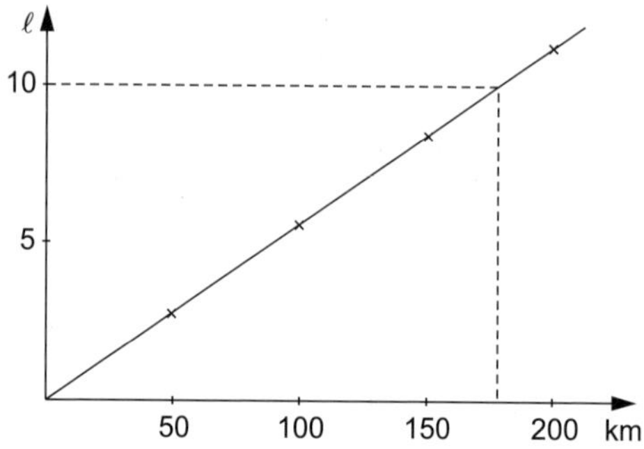

Mit 10 ℓ Benzin kommt man etwa 180 km weit.

281. $630\,\ell \mathrel{\hat=} 35\text{ kg}$

$$1\,\ell \mathrel{\hat=} 35\text{ kg} : 630 = \frac{1}{18}\text{ kg}$$

$$36\,000\,\ell \mathrel{\hat=} \frac{1}{18}\text{ kg} \cdot 36\,000 = 2\,000\text{ kg}$$

Aus 36 000 ℓ Milch erhält man 2 000 kg Butter.

282. $8{,}75\,\$ \mathrel{\hat=} 7\,€$

$$1\,\$ \mathrel{\hat=} 7\,€ : 8{,}75 = 0{,}80\,€$$

$$250\,\$ \mathrel{\hat=} 0{,}80\,€ \cdot 250 = 200\,€$$

Für 250 US-Dollar muss man 200 € umtauschen.

283. $3{,}5\text{ h} \mathrel{\hat=} 227{,}50\,€$

$$1\text{ h} \mathrel{\hat=} 227{,}50\,€ : 3{,}5 = 65\,€$$

$$8\text{ h} \mathrel{\hat=} 65\,€ \cdot 8 = 520\,€$$

Für acht Stunden verlangt der Mechaniker 520 €.

284. Negativ   Poster

$$36\text{ mm} \mathrel{\hat=} 90\text{ cm}$$

$$1\text{ mm} \mathrel{\hat=} 90\text{ cm} : 36 = 2{,}5\text{ cm}$$

$$24\text{ mm} \mathrel{\hat=} 2{,}5\text{ cm} \cdot 24 = 60\text{ cm}$$

Das Poster wird 60 cm breit.

285. a) $25 \text{ Kugeln} \mathrel{\hat{=}} 30{,}00\ €$

$1 \text{ Kugel} \mathrel{\hat{=}} 30{,}00\ € : 25 = 1{,}20\ €$

$40 \text{ Kugeln} \mathrel{\hat{=}} 1{,}20\ € \cdot 40 = 48{,}00\ €$

40 Kugeln kosten 48 €.

b) $30{,}00\ € \mathrel{\hat{=}} 25 \text{ Kugeln}$

$$1\ € \mathrel{\hat{=}} \frac{25}{30} \text{ Kugeln}$$

$$16{,}80\ € \mathrel{\hat{=}} \frac{25}{30} \text{ Kugeln} \cdot 16{,}80 = 14 \text{ Kugeln}$$

Für 16,80 € bekommt man 14 Kugeln Eis.

286. $8\text{ h} = 8 \cdot 60\text{ min} = 480\text{ min}$

$480\text{ min} \mathrel{\hat{=}} 7\,200 \text{ Teile}$

$1\text{ min} \mathrel{\hat{=}} 7\,200 \text{ Teile} : 480 = 15 \text{ Teile}$

$40\text{ min} \mathrel{\hat{=}} 15 \text{ Teile} \cdot 40 = 600 \text{ Teile}$

In 40 Minuten sind es 600 Stanzteile.

287. $6 \text{ Maschinen} \mathrel{\hat{=}} 24 \text{ Tage}$

$1 \text{ Maschine} \mathrel{\hat{=}} 24 \text{ Tage} \cdot 6 = 144 \text{ Tage}$

$3 \text{ Maschinen} \mathrel{\hat{=}} 144 \text{ Tage} : 3 = 48 \text{ Tage}$

Drei Maschinen brauchen dafür 48 Tage.

288. $1 \text{ SuS} \mathrel{\hat{=}} 20\ €$

$24 \text{ SuS} \mathrel{\hat{=}} 20\ € \cdot 24 = 480\ €$

$20 \text{ SuS} \mathrel{\hat{=}} 480\ € : 20 = 24\ €$

Jeder Schülerin und jeder Schüler erhält 24 €.

289. a) $17{,}50\ € \mathrel{\hat{=}} 12 \text{ Tage}$

$1{,}00\ € \mathrel{\hat{=}} 12 \text{ Tage} \cdot 17{,}50 = 210 \text{ Tage}$

$15{,}00\ € \mathrel{\hat{=}} 210 \text{ Tage} : 15 = 14 \text{ Tage}$

Mike kann 14 Tage unterwegs sein.

b) Wertetabelle:

Tage	1	2	4	12	14
€	210	105	52,5	17,50	15

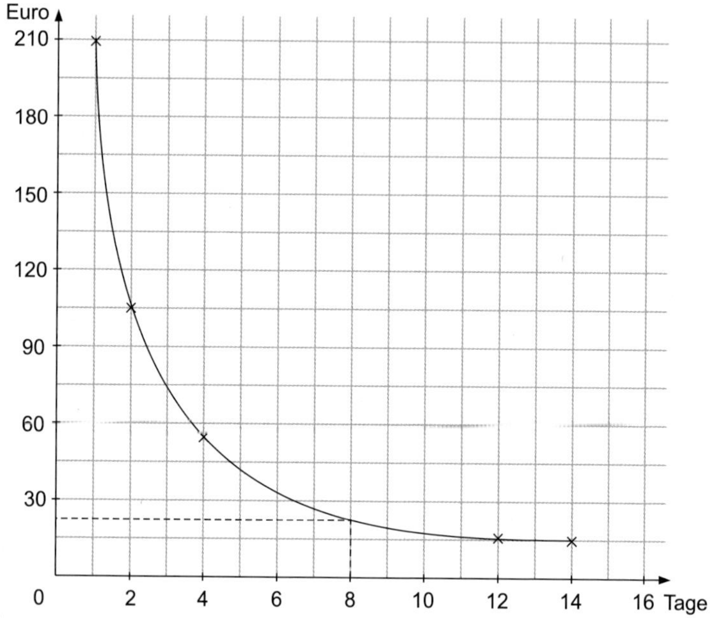

Wenn er nur acht Tage braucht, kann er pro Tag etwa 27 € ausgeben.

290. a) 24 Pferde $\hat{=}$ 25 Tage

$1 \text{ Pferd} \mathrel{\hat{=}} 25 \text{ Tage} \cdot 24 = 600 \text{ Tage}$

$30 \text{ Pferde} \mathrel{\hat{=}} 600 \text{ Tage} : 30 = 20 \text{ Tage}$

Für 30 Pferde reicht der Vorrat 20 Tage.

b) 25 Tage $\hat{=}$ 24 Pferde

$1 \text{ Tag} \mathrel{\hat{=}} 24 \text{ Pferde} \cdot 25 = 600 \text{ Pferde}$

$40 \text{ Tage} \mathrel{\hat{=}} 600 \text{ Pferde} : 40 = 15 \text{ Pferde}$

Der Vorrat reicht 40 Tage lang für 15 Pferde.

291. $0{,}7\ \ell \mathrel{\hat{=}} 286 \text{ Flaschen}$

$1\ \ell \mathrel{\hat{=}} 286 \text{ Flaschen} \cdot 0{,}7 = 200{,}2 \text{ Flaschen}$

$0{,}2\ \ell \mathrel{\hat{=}} 200{,}2 \text{ Flaschen} : 0{,}2 = 1\,001 \text{ Flaschen}$

Es werden 1 001 Stück von den 0,2-Liter-Flaschen benötigt.

292. 4 Stunden $= 4 \cdot 60$ min $= 240$ min

$6\,\ell \triangleq 240$ min

$1\,\ell \triangleq 240$ min $\cdot 6 = 1\,440$ min

$10\,\ell \triangleq 1\,440$ min $: 10 = 144$ min $= 2$ h 24 min

Der Füllvorgang dauert dann nur 2 h 24 min.

293. Es handelt sich um eine proportionale Zuordnung.

1 kg = 1 000 g

$500\text{ g} \triangleq 7{,}50\text{ €}$

$50\text{ g} \triangleq 7{,}50\text{ €} : 10 = 0{,}75\text{ €}$

$150\text{ g} \triangleq 0{,}75\text{ €} \cdot 3 = 2{,}25\text{ €}$

150 g kosten 2,25 €.

294. Es handelt sich um eine antiproportionale Zuordnung.

$0{,}75\,\ell \triangleq 800$ Flaschen

$1\,\ell \triangleq 800$ Flaschen $\cdot 0{,}75 = 600$ Flaschen

$0{,}25\,\ell \triangleq 600$ Flaschen $: 0{,}25 = 2\,400$ Flaschen

Es werden 2 400 Flaschen benötigt.

295. Es handelt sich um eine proportionale Zuordnung.

$2{,}80\text{ m} = 280\text{ cm}$

$7\text{ kg} = 7\,000\text{ g}$

$280\text{ cm} \triangleq 7\,000\text{ g}$

$1\text{ cm} \triangleq 7\,000\text{ g} : 280 = 25\text{ g}$

$35\text{ cm} \triangleq 25\text{ g} \cdot 35 = 875\text{ g}$

Das abgeschnittene Stück wiegt 875 g.

296. Geschichte b passt zum Diagramm.

Bei Geschichte a läuft Sabine lediglich zur Ampel zurück und nicht, wie im Diagramm dargestellt, ganz nach Hause.

Bei Geschichte c wird nicht der zurückgelegte Weg, sondern die Änderung der Höhe beschrieben.

297. a) Der Schnellzug fährt 60 Minuten nach dem Personenzug los.

b) Nach 80 km wird der Personenzug vom Schnellzug überholt.

c) In einer Viertelstunde legt der Schnellzug einen Weg von 40 km zurück.

298. a) Um 8.00 Uhr sind die Klassen 20 km voneinander entfernt.

b) Die Klassen treffen sich um 10.15 Uhr.

c) Die 8. Kasse wandert 9 km, die 9. Klasse 11 km bis zum Treffpunkt.

299. a) A → II: Die Graphen verlaufen parallel.
B → III: Die Graphen beginnen an der y-Achse.

b) I: Zwei Fahrzeuge fahren mit unterschiedlicher Geschwindigkeit. Das langsamere Fahrzeug fährt eine halbe Stunde später ab als das schnellere Fahrzeug.

c) Das schnellste Fahrzeug hat den steilsten Graphen (in Diagramm I): Es fährt mit $80\,\frac{\text{km}}{\text{h}}$.

300. a) Schaubild III: Die Vase hat unten einen geringeren Durchmesser als oben. Deswegen steigt das Wasser am Anfang schneller als am Ende.

b) Schaubild II: Die Vase hat überall den gleichen Durchmesser. Das Wasser steigt deshalb immer gleich schnell. Da die Vase insgesamt höher ist als Vase d, kann nur Schaubild II richtig sein.

c) Schaubild I: Die Vase hat oben einen geringeren Durchmesser als unten. Deswegen steigt das Wasser am Anfang langsamer als am Ende.

d) Schaubild IV: Die Vase hat überall den gleichen Durchmesser. Das Wasser steigt deshalb immer gleich schnell. Da die Vase insgesamt niedriger ist als die Vase bei b, kann nur Schaubild IV richtig sein.

301. a) Schaubild IV: Die Kerze ist überall gleich dick und brennt deshalb immer mit gleicher Geschwindigkeit ab. Da die Kerze insgesamt höher ist als die Kerze bei b, kann nur Schaubild IV richtig sein.

b) Schaubild I: Die Kerze ist überall gleich dick und brennt deshalb immer mit gleicher Geschwindigkeit ab. Da die Kerze insgesamt niedriger ist als die Kerze bei a, kann nur Schaubild I richtig sein.

c) Schaubild II: Die Kerze ist oben dünner als unten. Deshalb brennt sie am Anfange schneller ab als am Ende.

d) Schaubild III: Die Kerze wird zuerst immer dicker, etwa ab der Hälfte wird sie wieder dünner. Das heißt, dass sie bis zur Mitte zuerst schnell, dann langsam abbrennt. Ab der Mitte brennt sie zuerst langsamer dann immer schneller ab.

302. Berechnung der Geschwindigkeiten

a) Mopedfahrer:

$$v = \frac{121}{2{,}75}\,\frac{\text{km}}{\text{h}} = 44\,\frac{\text{km}}{\text{h}}$$

b) Auto:

$$11\text{ h }36\text{ min} = 11\frac{36}{60}\text{ h} = 11\frac{6}{10}\text{ h} = 11{,}6\text{ h}$$

$$v = \frac{1\,044}{11{,}6}\,\frac{\text{km}}{\text{h}} = 90\,\frac{\text{km}}{\text{h}}$$

c) Rennauto:

$$34\text{ min} = \frac{34}{60}\text{ h}$$

$$v = \frac{15\cdot 6{,}8}{\frac{34}{60}}\,\frac{\text{km}}{\text{h}} = \left(15\cdot 6{,}8 : \frac{34}{60}\right)\frac{\text{km}}{\text{h}} = 180\,\frac{\text{km}}{\text{h}}$$

Weg-Zeit-Diagramm

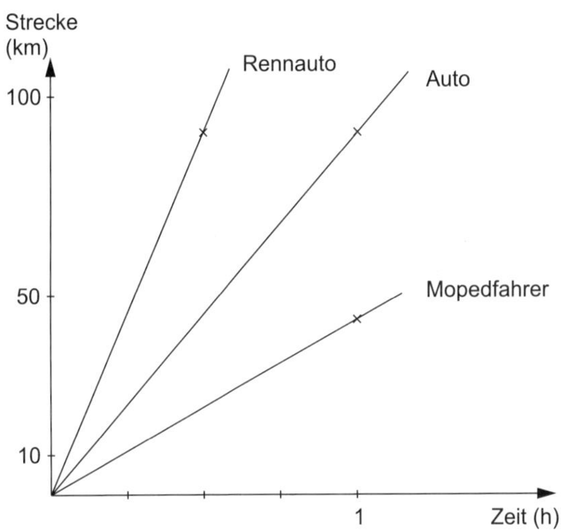

303. a)

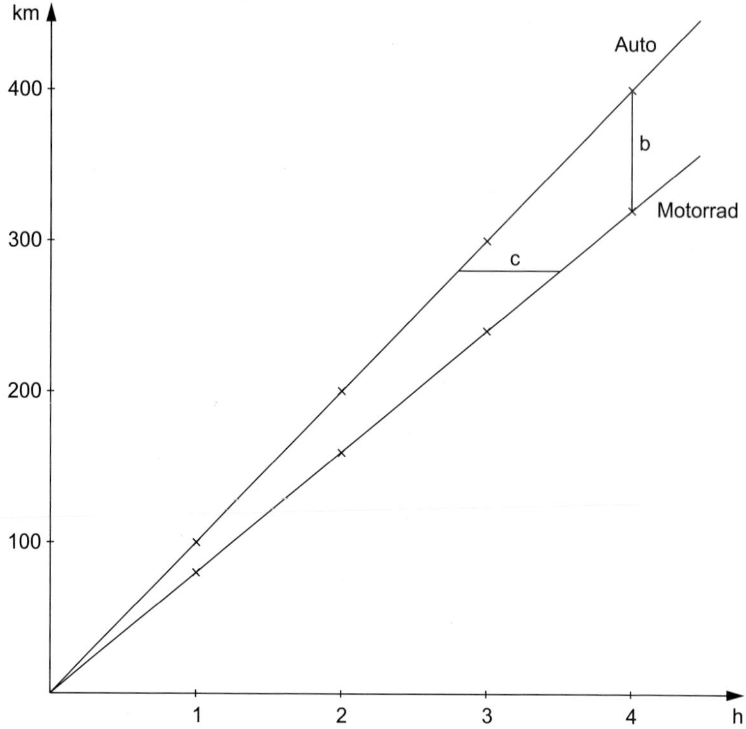

b) Der Unterschied im Schaubild beträgt 1,6 cm.
Dies entspricht in Wirklichkeit 80 km.

c) Der Unterschied im Schaubild beträgt 1,4 cm.
Dies entspricht in Wirklichkeit 42 min.

304.

x	0	1	2	3	4
y	1	4	7	10	13

$f(0) = 3 \cdot 0 + 1 = 1$
$f(2) = 3 \cdot 2 + 1 = 7$
$f(3) = 3 \cdot 3 + 1 = 10$

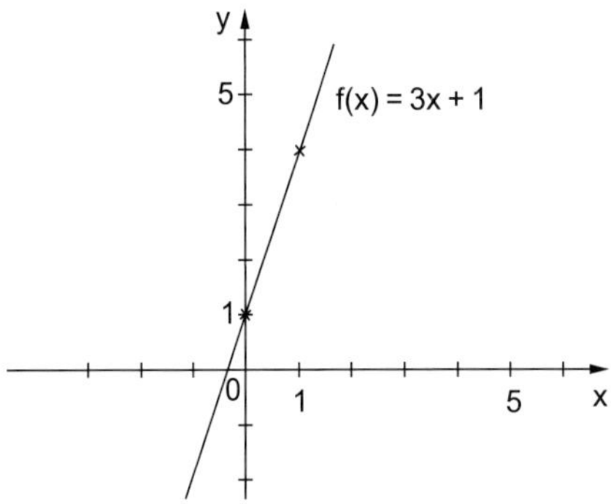

305. a)

x	–2	–1	0	1	2
y	5	6	7	8	9

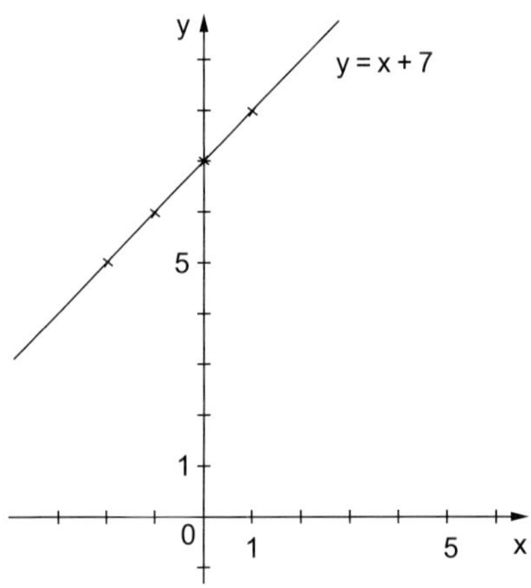

b)

x	–2	–1	0	1	2
y	1	0,5	0	–0,5	–1

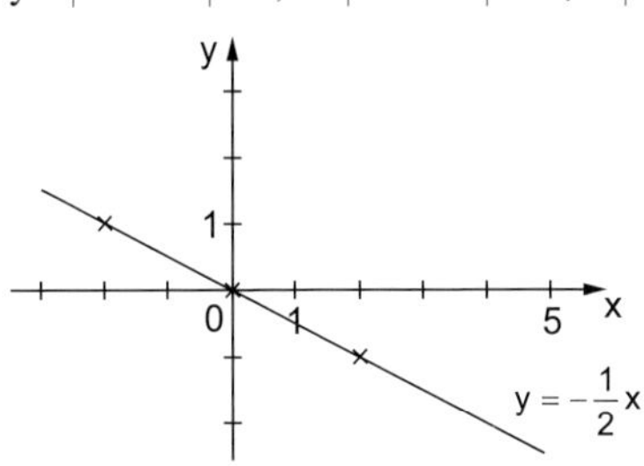

306. a) $c = 0;\ m = 1 \quad \Rightarrow \text{(II) } y = x$

b) $c = 2;\ m = 1 \quad \Rightarrow \text{(IV) } y = x + 2$

c) $c = 5;\ m = -1 \quad \Rightarrow \text{(III) } y = -x + 5$

d) $c = 1{,}5;\ m = 0{,}5 \quad \Rightarrow \text{(I) } y = 0{,}5x + 1{,}5$

307. a) Gesamtmasse bei einer Ladung von 3 m^3 Sand:
$3{,}5\ t + 3 \cdot 1{,}5\ t = 8\ t$

b) x sei die geladene Menge Sand in m^3, y die Gesamtmasse.
$y = 3{,}5 + 1{,}5x$

c) 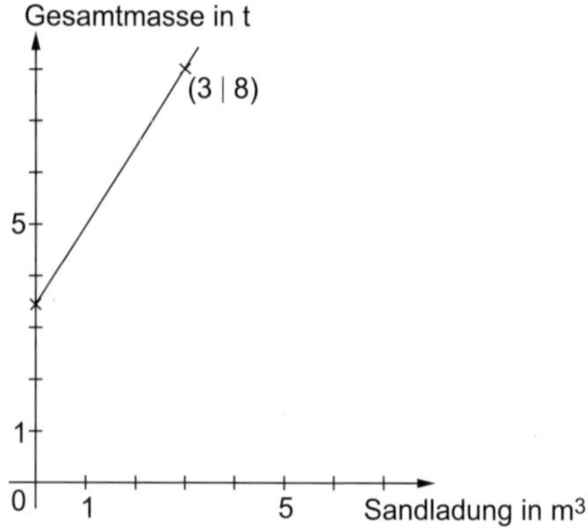

308. a) Lana erhält pro Woche 14 € Taschengeld.

Wochen	4	5	6	7
Joanna (€)	36	45	54	63
Lana (€)	56	70	84	98

b) x sei die Anzahl der Wochen, y die Höhe des Taschengeldes:
Joanna: $y = 9 \cdot x$
Lana: $y = (9 + 5) \cdot x = 14 \cdot x$

c) Lana: 70 € $\triangleq$ 5 Wochen $\Rightarrow$ Joanna: $5 \cdot 9\ € = 45\ €$
Lana: 98 € $\triangleq$ 7 Wochen $\Rightarrow$ Joanna: $7 \cdot 9\ € = 63\ €$
Lana: 126 € $\triangleq$ 9 Wochen $\Rightarrow$ Joanna: $9 \cdot 9\ € = 81\ €$

309. a) $250 \cdot 2{,}80\,€ + 12 \cdot 15\,€ = 700\,€ + 180\,€ = 880\,€$

Die Kosten betragen 880 €.

b) Kosten ohne Grundgebühr:
$1\,020\,€ - 12 \cdot 15\,€ = 1\,020\,€ - 180\,€ = 840\,€$
Wasserverbrauch: $(840 : 2{,}80)\ m^3 = 300\ m^3$

Es wurden 300 m^3 Wasser verbraucht.

310. a) Tarif 1: $y = 0{,}8x + 4$
Tarif 2: $y = 1{,}2x + 2$
Tarif 3: $y = 1{,}3x + 3{,}5$

b) Bestimme neben dem y-Achsenabschnitt jeweils einen weiteren Punkt.

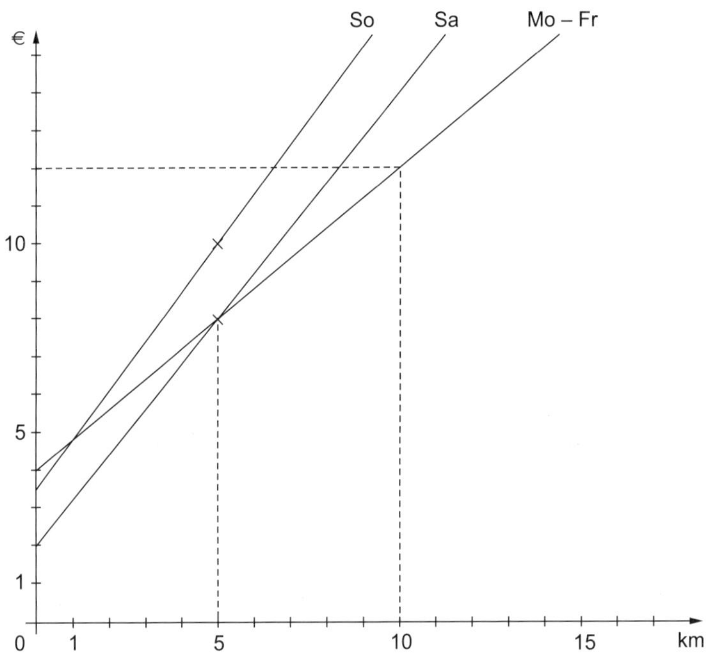

c) Samstag: $y = 1{,}2 \cdot 18 + 2 = 23{,}6$
Sonntag: $y = 1{,}3 \cdot 18 + 3{,}5 = 26{,}9$

Am Samstag zahlt Jürgen 23,60 €, am Sonntag 26,90 €.

d) Lies aus dem Graphen ab.

Maria ist 10 km weit gefahren.

oder:

$$\begin{aligned} 12 &= 0{,}8x + 4 \quad &|-4 \\ 8 &= 0{,}8x \quad &|:0{,}8 \\ x &= 10 \end{aligned}$$

e) Ab mehr als 5 km bezahlt man am Samstag mehr als unter der Woche.

Der Schnittpunkt der Graphen gibt an, bei wie viel gefahrenen Kilometern man gleich viel bezahlt.

311. Angebot A: 30 €

Angebot B: $10\text{ €} + 175 \cdot 0{,}11\text{ €} = 10\text{ €} + 19{,}25\text{ €} = 29{,}25\text{ €}$

Angebot C: $15\text{ €} + 75 \cdot 0{,}25\text{ €} = 15\text{ €} + 18{,}75\text{ €} = 33{,}75\text{ €}$

Sabine muss 29,25 € für den Motorroller ausgeben.

312. a) Fläche des Wohnzimmers:

$A = 6{,}0\text{ m} \cdot 4{,}5\text{ m} = 27\text{ m}^2$

Es müssen mindestens 27 m^2 Teppichbelag gekauft werden.

b) Maßstab 1 : 50:

$$\begin{aligned} 50\text{ cm} = 0{,}5\text{ m} &\mathrel{\hat{=}} 1\text{ cm (in der Zeichung)} \\ 1\text{ m} &\mathrel{\hat{=}} 2\text{ cm} \\ 4{,}5\text{ m} &\mathrel{\hat{=}} 9\text{ cm} \\ 6{,}0\text{ m} &\mathrel{\hat{=}} 12\text{ cm} \end{aligned}$$

(Zeichnung siehe nächste Seite)

c)
$$\begin{aligned} 1\text{ cm} &\mathrel{\hat{=}} 50\text{ cm} \\ 3{,}5\text{ cm} &\mathrel{\hat{=}} 175\text{ cm} = 1{,}75\text{ m} \end{aligned}$$

Das Regal lässt sich dort aufstellen.

Zeichnung zu b:

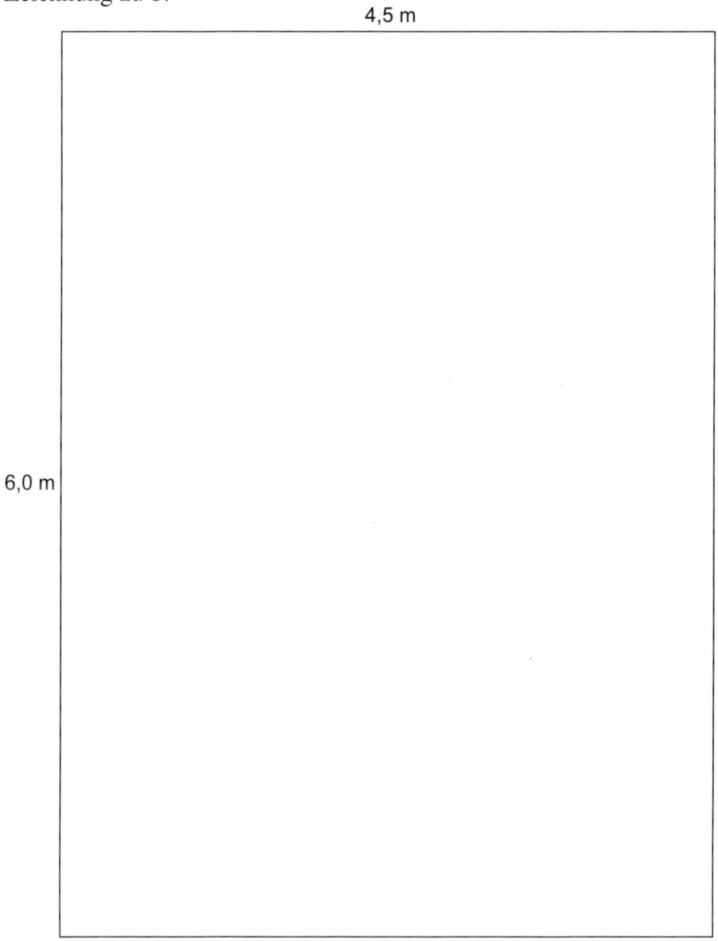

313. Die abgebildete Münze hat einen Durchmesser von 2,3 cm.
$2{,}3\text{ cm} \cdot 175 = 402{,}5\text{ cm} \approx 4\text{ m}$
Das Modell hat einen Durchmesser von ca. 4 m.

314. $\frac{1}{4}$ des Kaufpreises: $1\,060\text{ €} : 4 = 265\text{ €}$
Fabian muss sich $1\,060\text{ €} - 360\text{ €} - 265\text{ €} = 435\text{ €}$ selbst verdienen.
Dazu muss er $(435 : 7{,}5)$ Stunden $= 58$ Stunden arbeiten.

315. Das Grundstück mit 1 054 m^2 kostet 162 316 €.
1 m^2 kostet somit 162 316 € : 1 054 = 154 €.

Die Gesamtfläche der vier Grundstücke beträgt:
A = 582 m^2 + 610 m^2 + 910 m^2 + 1 054 m^2 = 3 156 m^2

Sie kosten 3 156 · 154 € = 486 024 €.

316. Angebot A:
$0{,}5\ \ell \mathrel{\widehat{=}} 0{,}92\ €$
$1\ \ell \mathrel{\widehat{=}} 0{,}92\ € : 0{,}5 = 1{,}84\ €$
$15\ \ell \mathrel{\widehat{=}} 1{,}84\ € \cdot 15 = 27{,}60\ €$

Angebot B:
$0{,}75\ \ell \mathrel{\widehat{=}} 1{,}35\ €$
$1\ \ell \mathrel{\widehat{=}} 1{,}35\ € : 0{,}75 = 1{,}80\ €$
$15\ \ell \mathrel{\widehat{=}} 1{,}80\ € \cdot 15 = 27{,}00\ €$

Bei Angebot B kann man 27,60 € – 27€ = 0,60 € sparen.

317. Jährliche Stromkosten der alten Gefriertruhe:
2,2 kWh · 365 = 803 kWh
803 · 24,4 ct = 19 593,20 ct ≈ 195,93 €

Jährliche Stromkosten der neuen Gefriertruhe:
0,78 kWh · 365 = 284,7 kWh
284,7 · 24,4 ct = 6 946,68 ct ≈ 69,47 €

Ersparnis:
195,93 € – 69,47 € = 126,46 €

Mit der neuen Gefriertruhe können im Jahr 126,46 € eingespart werden.

318. Der Füllvorgang dauert 7 h 30 min = 450 min.
Das sind 10 · 45 min.
Die Füllmenge ist also 10 · 150 ℓ = 1 500 ℓ.

Nach 1,5 h = 90 min = 2 · 45 min sind bereits 2 · 150 ℓ = 300 ℓ in der Wanne.

Also müssen noch 1 500 ℓ – 300 ℓ = 1 200 ℓ eingefüllt werden.

Wenn der zweite Wasserhahn aufgedreht ist, fließen in jeder Viertelstunde insgesamt 150 ℓ : 3 + 30 ℓ = 50 ℓ + 30 ℓ = 80 ℓ in die Wanne. In einer Stunde sind dies 80 ℓ · 4 = 320 ℓ.

Die Zeit, um 1 200 ℓ über zwei Wasserhähne einfließen zu lassen, beträgt (1 200 : 320) h = 3,75 h.

Der Füllvorgang dauert insgesamt $1{,}5\ \text{h} + 3{,}75\ \text{h} = 5{,}25\ \text{h} = 5\frac{1}{4}\ \text{h}$.

319. Angebot A

Kilometerkosten: 1,09 € · 320 = 348,80 €
Gesamtkosten: 348,80 € + 109 € = 457,80 €

Angebot B

In der Grundgebühr sind 100 km enthalten, also muss Kilometergeld nur für 320 km – 100 km = 220 km bezahlt werden.

Kilometerkosten: 0,67 € · 220 = 147,40 €
Gesamtkosten: 147,40 € + 267 € = 414,40 €

Angebot B ist um 457,80 € – 414,40 € = 43,40 € billiger.

320. ☒ $y = -\frac{1}{3}x + 1$

Die y-Achse wird bei y = 1 geschnitten, d. h. c = 1.
$y = x + 3$ und $y = x - \frac{1}{3}$ scheiden somit als Lösungen aus.
Die Gerade fällt von links nach rechts (negative Steigung), deshalb scheiden $y = \frac{1}{3}x + 1$ und $y = 3x + 1$ aus.
Da die Steigung $m = -\frac{1}{3}$ ist, kann nur $y = -\frac{1}{3}x + 1$ die richtige Lösung sein.

321. Gesamtfläche:
$192 \cdot 30\text{ cm} \cdot 30\text{ cm} = 172\,800\text{ cm}^2 = 17{,}28\text{ m}^2$

Anzahl der Platten mit einer Fläche von $35\text{ cm} \cdot 35\text{ cm} = 1\,225\text{ cm}^2$:
(172 800 : 1 225) Platten = 141,06… Platten ≈ 142 Platten
Preis:
142 · 2,50 € = 355 €

Anzahl der Platten mit einer Fläche von $40\text{ cm} \cdot 40\text{ cm} = 1\,600\text{ cm}^2$:
(172 800 : 1 600) Platten = 108 Platten
Preis:
108 · 2,90 € = 313,20 €

Bei der preisgünstigsten Variante braucht Herr Schmidt 108 Platten. Gegenüber seiner ursprünglichen Planung spart er 450 € – 313,20 € = 136,80 €.

322. a) Dem dargestellten Sachverhalt entsprechen (2) und (4).

Eine waagerechte Linie bedeutet, dass keine Strecke zurückgelegt wird, der Radfahrer also eine Pause macht.

b) Wenn man den entsprechenden Graphen in das Schaubild einträgt, sieht man, dass sie sich um 9.40 Uhr in C-Hausen treffen.

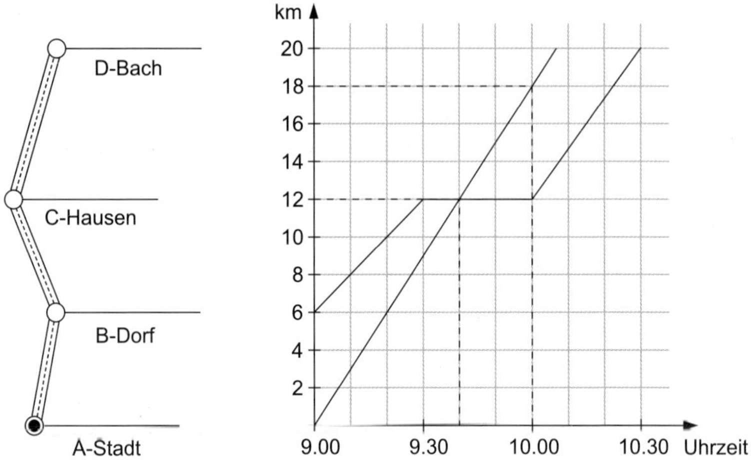

323. Eigenbetrag von Marie: $\frac{2}{3}$ von 675,69 € ≈ 450 €

Ist-Zustand:	450 € + 2 €	= 452 €
nach einem Monat:	452 € + 4 €	= 456 €
nach zwei Monaten:	456 € + 8 €	= 464 €
nach drei Monaten:	464 € + 16 €	= 480 €
nach vier Monaten:	480 € + 32 €	= 512 €
nach fünf Monaten:	512 € + 64 €	= 576 €
nach sechs Monaten:	576 € + 128 €	= 704 €
nach sieben Monaten:	704 € + 256 €	= 960 €

Marie muss nur sieben Monate warten, bis ihr Schlagzeug finanziert ist.

324.

Werktage	0	1	2	3	4	5
absolute Häufigkeit	12	14	9	7	5	3
relative Häufigkeit	$\frac{12}{50} = 24\,\%$	$\frac{14}{50} = 28\,\%$	$\frac{9}{50} = 18\,\%$	$\frac{7}{50} = 14\,\%$	$\frac{5}{50} = 10\,\%$	$\frac{3}{50} = 6\,\%$

325. a) 9a

Noten	1	2	3	4	5	6
absolute Häufigkeit	3	4	7	3	2	1
relative Häufigkeit	$\frac{3}{20}$ $=15\,\%$	$\frac{4}{20}$ $=20\,\%$	$\frac{7}{20}$ $=35\,\%$	$\frac{3}{20}$ $=15\,\%$	$\frac{2}{20}$ $=10\,\%$	$\frac{1}{20}$ $=5\,\%$

9b

Noten	1	2	3	4	5	6
absolute Häufigkeit	5	2	8	7	1	2
relative Häufigkeit	$\frac{5}{25}$ $=20\,\%$	$\frac{2}{25}$ $=8\,\%$	$\frac{8}{25}$ $=32\,\%$	$\frac{7}{25}$ $=28\,\%$	$\frac{1}{25}$ $=4\,\%$	$\frac{2}{25}$ $=8\,\%$

b) 9a und 9b

Noten	1	2	3	4	5	6
absolute Häufigkeit	8	6	15	10	3	3
relative Häufigkeit	$\frac{8}{45}$ $\approx 17{,}8\,\%$	$\frac{6}{45}$ $\approx 13{,}3\,\%$	$\frac{15}{45}$ $\approx 33{,}3\,\%$	$\frac{10}{45}$ $\approx 22{,}2\,\%$	$\frac{3}{45}$ $\approx 6{,}7\,\%$	$\frac{3}{45}$ $\approx 6{,}7\,\%$

326. a)

Stunden	1	2	3	4	5
Anzahl	𝍸 ||	𝍸 𝍸	𝍸 |	𝍸	||||

b)

Stunden	1	2	3	4	5
absolute Häufigkeit	7	10	6	5	4
relative Häufigkeit	$\frac{7}{32}$ $\approx 22\,\%$	$\frac{10}{32}$ $\approx 31\,\%$	$\frac{6}{32}$ $\approx 19\,\%$	$\frac{5}{32}$ $\approx 16\,\%$	$\frac{4}{32}$ $=12{,}5\,\%$

327. Laufzeiten in Minuten:

So		45 min
Mo		60 min
Di	$60\text{ min}+15\text{ min}=$	75 min
Mi		30 min
Do		–
Fr	$60\text{ min}+40\text{ min}=$	100 min
Sa	$60\text{ min}+50\text{ min}=$	110 min
Gesamtlaufzeit:		420 min

a) Die durchschnittliche Laufzeit für 7 Tage betrug
$420\text{ min}:7=60\text{ min}=1\text{ h}$.

b) Durchschnitt für 6 Tage: $420\text{ min}:6=70\text{ min}=1\text{ h }10\text{ min}$

328. Um die durchschnittliche Schülerzahl zu berechnen, musst du die Anzahl der Schülerinnen und Schüler addieren und dann durch die Anzahl der Klassen dividieren.

$$\frac{29+28+30+32+26+25+27+29+24+23+16}{11}\text{ SuS}$$
$$=\frac{289}{11}\text{ SuS}\approx 26\text{ SuS}$$

329. Gesamtgröße der 22 Schülerinnen und Schüler:
$22\cdot 1{,}78\text{ m}=39{,}16\text{ m}$

Gesamtgröße der 23 Schülerinnen und Schüler:
$39{,}16\text{ m}+1{,}92\text{ m}=41{,}08\text{ m}$

Neue Durchschnittsgröße: $41{,}08\text{ m}:23\approx 1{,}79\text{ m}$

330. Notensumme alt: $20\cdot 3{,}2=64$
Notensumme neu: $21\cdot 3{,}1=65{,}1$

Der Schüler hat die Note 1,1 geschrieben.

331. Die Summe der 13 Einzelnoten beträgt $13\cdot 2{,}5=32{,}5$.

Um die Mathematiknote zu berechnen, musst du die zwölf bekannten Noten von 32,5 abziehen. Die Summe dieser zwölf Noten ist 30,4.

Mathematiknote: $32{,}5-30{,}4=2{,}1$

Die Schülerin hatte in Mathematik eine Jahresleistung von 2,1.

332. Wenn man die sieben Temperaturen addiert, erhält man $7 \cdot 2\,°C = 14°C$.
Am Sonntag betrug die Temperatur
$[14-5-7-(-2)-(-4)-3-(-1)]\,°C = (14-5-7+2+4-3+1)\,°C = 6°C$.

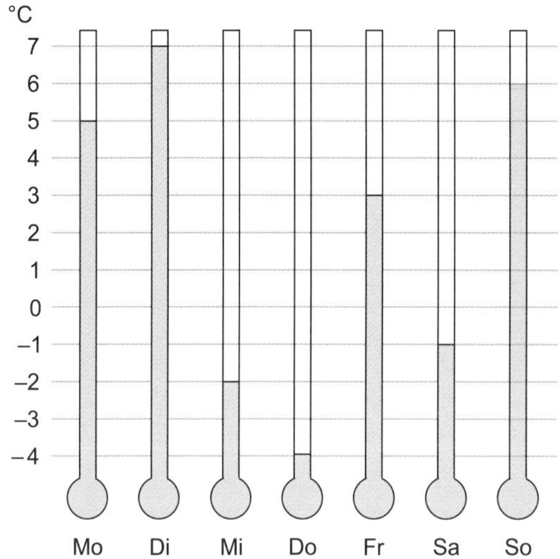

333. Um die durchschnittliche Jahrestemperatur zu berechnen, musst du die Monatstemperaturen addieren und dann durch zwölf dividieren.

$(-49)+(-45)+(-30)+(-13)+(+2)+(+12)+(+15)+(+11)+(+2)+(-14)+$
$(-37)+(-46) = -192\ (°C)$

Durchschnittstemperatur: $-192\,°C : 12 = -16\,°C$

In Werchojansk beträgt die durchschnittliche Jahrestemperatur –16 °C.

334. In Diagramm 1 beginnt die y-Achse bei 0 €, je 10 000 € wird die Säule 1 cm höher. Die Unterschiede zwischen den Werten von Montag bis Mittwoch sind kaum ersichtlich. Betont wird, dass sich der Umsatz von Montag bis Freitag zwischen 24 000 € und 29 000 € bewegt.

In Diagramm 2 beginnt die y-Achse bei 20 000 €, der Unterschied zwischen 20 000 € und 30 000 € beträgt 5 cm. Der Unterschied zwischen den Tagesumsätzen tritt hier deutlich hervor.

335. a) $100\,\% \mathrel{\hat{=}} 200$ Jugendliche
$1\,\% \mathrel{\hat{=}} 2$ Jugendliche
$5\,\% \mathrel{\hat{=}} 10$ Jugendliche

Es nehmen 10 Jugendliche an der Schach-AG teil.

b) $8\,\% + 6\,\% + 6\,\% = 20\,\%$
An sonstigen AGs nehmen 20 % der Schülerinnen und Schüler teil.

c)

	trifft zu	trifft nicht zu	nicht bewertbar
An der AG Fußball nehmen mehr Jungen als Mädchen teil.	☐	☐	☒
Der überwiegende Teil der Schülerinnen und Schüler nimmt an sportlichen AGs teil.	☒	☐	☐
Im Ballett und Tanzen sind zusammen mehr Schülerinnen und Schüler als im Fußball.	☐	☒	☐
In der AG Schülerzeitung gäbe es mehr Teilnehmer, wenn die Deutschkenntnisse besser wären.	☐	☐	☒

336. a) 9 a: $\dfrac{2\cdot 1+4\cdot 2+8\cdot 3+9\cdot 4+3\cdot 5+2\cdot 6}{28}=\dfrac{97}{28}\approx 3{,}46$

9 b: $\dfrac{6\cdot 2+12\cdot 3+9\cdot 4+1\cdot 5}{28}=\dfrac{89}{28}\approx 3{,}18$

b)

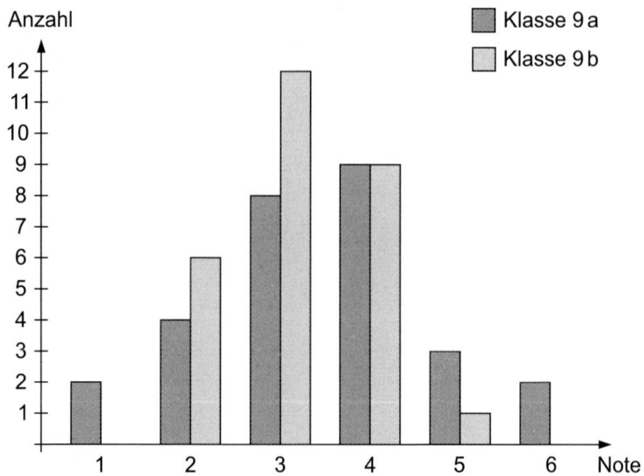

c) Die Klasse 9 b hat besser abgeschnitten, weil sie den besseren Notendurchschnitt hat.

337. Prozentuale Anteile:

$25\text{ Schüler} \mathrel{\hat{=}} 100\,\%$

$1\text{ Schüler} \mathrel{\hat{=}} 4\,\% \quad \Rightarrow \quad 3{,}6°$

$3\text{ Schüler} \mathrel{\hat{=}} 12\,\% \quad \Rightarrow \quad \approx 43°$

$8\text{ Schüler} \mathrel{\hat{=}} 32\,\% \quad \Rightarrow \quad \approx 115°$

$9\text{ Schüler} \mathrel{\hat{=}} 36\,\% \quad \Rightarrow \quad \approx 130°$

$5\text{ Schüler} \mathrel{\hat{=}} 20\,\% \quad \Rightarrow \quad 72°$

Kreisdiagramm:

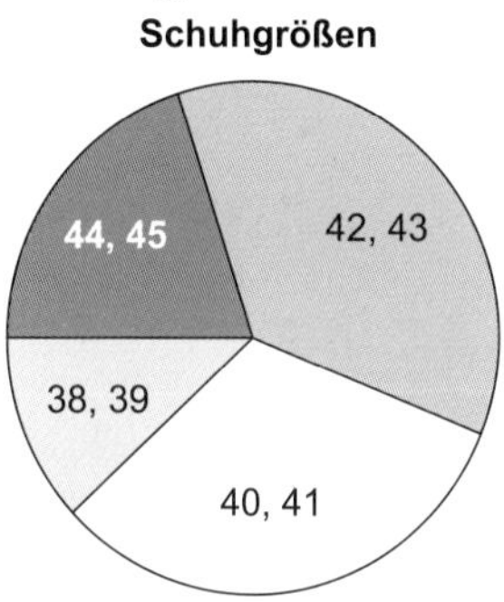

Streifendiagramm:

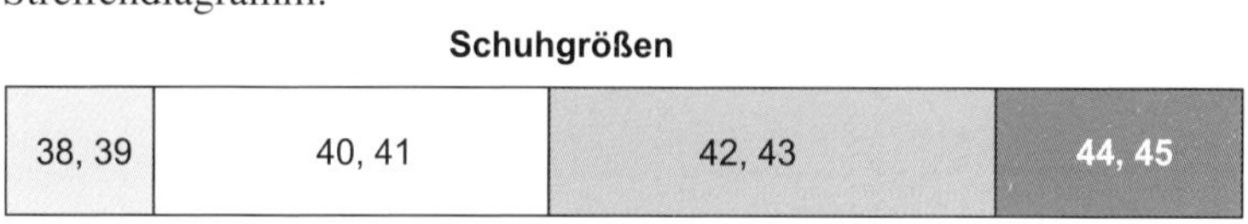

338. Laufzeit 1. Woche: 35 min + 25 min + 45 min = 105 min
Laufzeit 2. Woche: 30 min + 30 min + 35 min = 95 min
Laufzeit 3. Woche: 20 min + 25 min + 15 min = 60 min
Laufzeit 4. Woche: 50 min + 50 min + 40 min = 140 min

Gesamte Laufzeit: 105 min + 95 min + 60 min + 140 min = 400 min

Prozentuale Anteile:

$400\text{ min} \mathrel{\hat{=}} 100\,\%$

$1\text{ min} \mathrel{\hat{=}} 0{,}25\,\%$

$105\text{ min} \mathrel{\hat{=}} 26{,}25\,\% \approx 26\,\%$

$95\text{ min} \mathrel{\hat{=}} 23{,}75\,\% \approx 24\,\%$

$60\text{ min} \mathrel{\hat{=}} 15\,\%$

$140\text{ min} \mathrel{\hat{=}} 35\,\%$

Streifendiagramm:

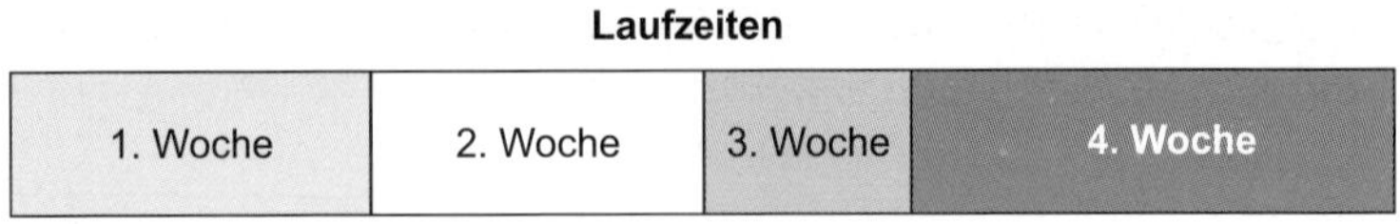

339. Hier wurden alle Daten verwendet:

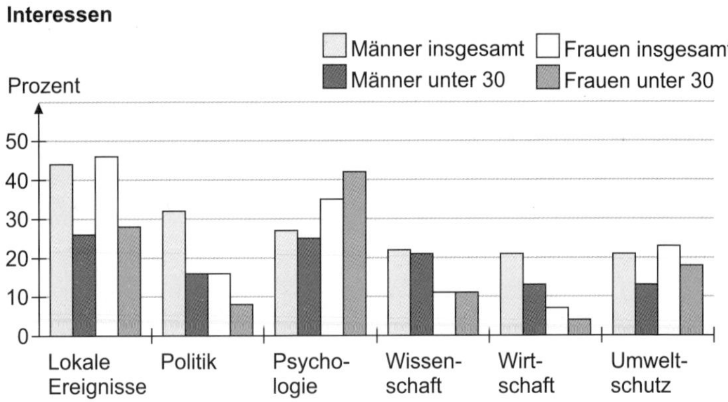

Hier sind nur die Daten der unter 30-Jährigen verwendet worden:

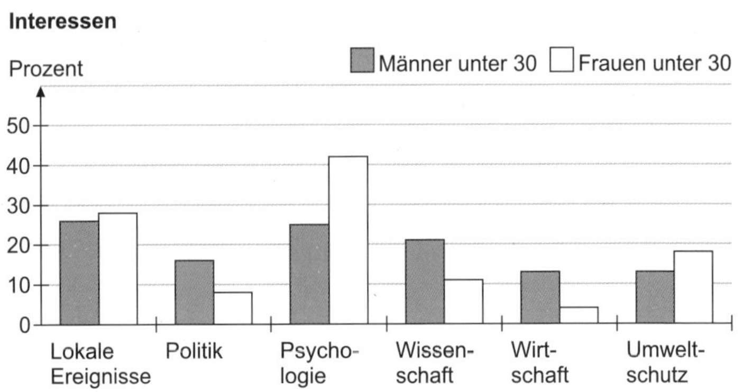

340. Es gibt sechs Möglichkeiten.

Anton, Berta, Christian	Anton, Christian, Berta
Berta, Anton, Christian	Berta, Christian, Anton
Christian, Anton, Berta	Christian, Berta, Anton

341. Jede der neun Mannschaften muss gegen die acht anderen Mannschaften antreten. Wenn aber Mannschaft A gegen Mannschaft B spielt, spielt gleichzeitig auch Mannschaft B gegen Mannschaft A.

Es sind $(9 \cdot 8) : 2$ Paarungen $= 36$ Paarungen.

342.

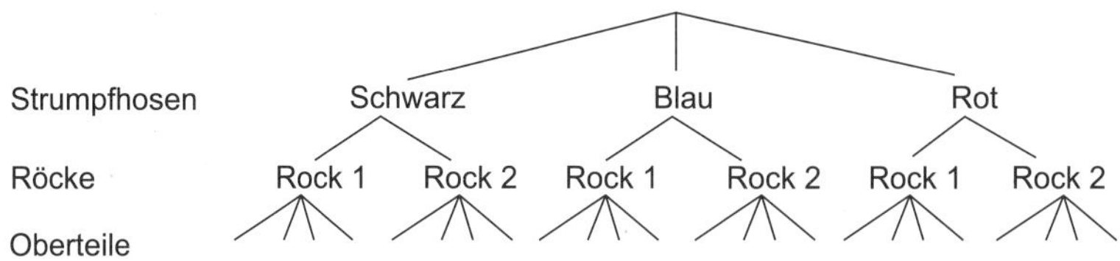

Es gibt $3 \cdot 2 \cdot 4 = 24$ verschiedene Kombinationsmöglichkeiten.

343. Es sind insgesamt sechs Kugeln in dem Gefäß.

Wahrscheinlichkeit (rote Kugel) $= \frac{1}{6} \approx 16{,}7\ \%$

Wahrscheinlichkeit (grüne Kugel) $= \frac{2}{6} = \frac{1}{3} \approx 33{,}3\ \%$

Wahrscheinlichkeit (blaue Kugel) $= \frac{3}{6} = \frac{1}{2} = 50\ \%$

344. Betrachte die Anteile der Scheibe.

Die „5“ bedeckt einen Viertelkreis: $\frac{1}{4} = 0{,}25 = 25\ \%$

Die „1“ bedeckt einen Achtelkreis: $\frac{1}{8} = 0{,}125 = 12{,}5\ \%$

345. Größer als 10 sind 11 und 12.

Die Wahrscheinlichkeit, eine Zahl größer als 10 zu würfeln, beträgt $\frac{2}{12} = \frac{1}{6} \approx 16{,}7\ \%$.

346. $\frac{\text{Anzahl der weißen Kugeln}}{48} = \frac{2}{3}$

$$\frac{32}{48} = \frac{2}{3}$$

Anzahl der weißen Kugeln: 32
Anzahl der schwarzen Kugeln: $48-32=16$

347. Mittelpunktswinkel für 1:
$\frac{1}{3}$ von $360° = 120°$

Mittelpunktswinkel für 2:
$\frac{1}{10}$ von $360° = 36°$

Mittelpunktswinkel für 3:
20 % von $360° = 72°$

Mittelpunktswinkel für 4:
$360° - 120° - 36° - 72° = 132°$

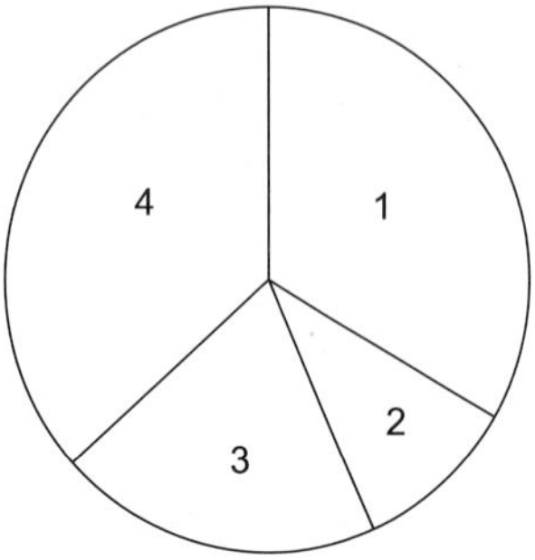

348. a) Anzahl aller Bonbons: $12+8+4=24$

Um kein blaues Bonbon zu bekommen, muss man ein rotes oder ein gelbes Bonbon ziehen.

Wahrscheinlichkeit (kein blaues Bonbon) $= \frac{12+4}{24} = \frac{16}{24} = \frac{2}{3} \approx 66,7\ \%$

b) Jetzt ist ein gelbes Bonbon weniger in der Tüte.
Anzahl der gelben Bonbons: 3
Anzahl aller Bonbons: 23

Wahrscheinlichkeit (gelbes Bonbon) $= \frac{3}{23} \approx 13,0\ \%$

349. a) $72+63+68+71+66+52+48+23=463$

463 Schülerinnen und Schüler besuchen die Hauptschule.

b) Durchschnittsalter:
$(72 \cdot 11 + 63 \cdot 12 + 68 \cdot 13 + 71 \cdot 14 + 66 \cdot 15 + 52 \cdot 16 + 48 \cdot 17 + 23 \cdot 18)$
$: 463 = 6\,478 : 463 \approx 14$

Das Durchschnittsalter liegt bei ca. 14 Jahren.

c) $463 \mathrel{\hat{=}} 100\,\%$

$1 \mathrel{\hat{=}} 0{,}21\ldots\,\%$

$72 \mathrel{\hat{=}} 15{,}55\ldots\,\%$	$\approx 16\,\%$	11 Jahre
$63 \mathrel{\hat{=}} 13{,}60\ldots\,\%$	$\approx 14\,\%$	12 Jahre
$68 \mathrel{\hat{=}} 14{,}68\ldots\,\%$	$\approx 15\,\%$	13 Jahre
$71 \mathrel{\hat{=}} 15{,}33\ldots\,\%$	$\approx 15\,\%$	14 Jahre
$66 \mathrel{\hat{=}} 14{,}25\ldots\,\%$	$\approx 14\,\%$	15 Jahre
$52 \mathrel{\hat{=}} 11{,}23\ldots\,\%$	$\approx 11\,\%$	16 Jahre
$48 \mathrel{\hat{=}} 10{,}36\ldots\,\%$	$\approx 10\,\%$	17 Jahre
$23 \mathrel{\hat{=}} 4{,}96\ldots\,\%$	$\approx 5\,\%$	18 Jahre

Berechnung der Winkelgrößen:

$100\,\% \mathrel{\hat{=}} 360°$

$1\,\% \mathrel{\hat{=}} 3{,}6°$

$16\,\% \mathrel{\hat{=}} 57{,}6°$	11 Jahre
$14\,\% \mathrel{\hat{=}} 50{,}4°$	12 bzw. 15 Jahre
$15\,\% \mathrel{\hat{=}} 54°$	13 bzw. 14 Jahre
$11\,\% \mathrel{\hat{=}} 39{,}6°$	16 Jahre
$10\,\% \mathrel{\hat{=}} 36°$	17 Jahre
$5\,\% \mathrel{\hat{=}} 18°$	18 Jahre

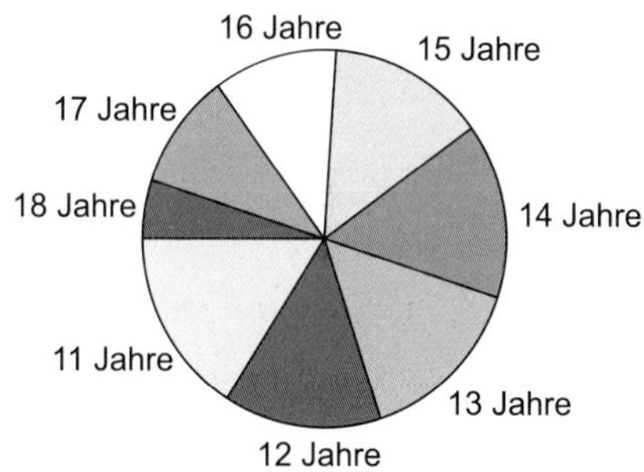

350. Es sind $10 \cdot 9$ Umarmungen = 90 Umarmungen. Da jedoch „A umarmt B“ dasselbe ist wie „B umarmt A“, sind es lediglich 90 Umarmungen : 2 = 45 Umarmungen.

351. a) mögliche Ergebnisse:
14, 15, 16, 24, 25, 26, 34, 35, 36

b) Die Zahl 34 kann bei neun möglichen Ergebnissen einmal gewürfelt werden. Die Wahrscheinlichkeit beträgt also $\frac{1}{9} \approx 0{,}11 \approx 11\,\%$.

c) Bei jedem Ergebnis ist die Ziffer des Einers größer als die Ziffer des Zehners. Die Wahrscheinlichkeit beträgt also 100 %.

352. a) Dennis gewinnt bei folgenden Zahlen: 6; 9; 12; 15; 18; 21; 24
Julia gewinnt bei diesen Zahlen: 2; 3; 5; 7; 11; 13; 17; 19; 23

b) Keiner von beiden gewinnt bei: 1; 4; 8; 10; 14; 16; 20; 22

Wahrscheinlichkeit (keiner gewinnt) $= \frac{8}{24} = \frac{1}{3} \approx 33{,}3\,\%$

Aufgaben im Stil der Hauptschulabschlussprüfung
Mathematik – Übungsaufgabe 1

Teil A 1 – Pflichtteil (hilfsmittelfrei)

1. Rechne entweder mit Brüchen oder mit Dezimalzahlen.
Klammerrechnung kommt vor Punktrechnung!
Beachte: Durch einen Bruch wird dividiert, indem man mit dem Kehrbruch multipliziert.

$$\left(0,75-\frac{1}{4}\right):\frac{1}{2}=\left(\frac{3}{4}-\frac{1}{4}\right):\frac{1}{2}=\frac{2}{4}:\frac{1}{2}=\frac{1}{2}:\frac{1}{2}=\frac{1\cdot \cancel{2}}{\cancel{2}\cdot 1}=\mathbf{1}$$

oder:

$$\left(0,75-\frac{1}{4}\right):\frac{1}{2}=(0,75-0,25):0,5=0,5:0,5=\mathbf{1}$$

2. Bei Längenmaßen beträgt der Umwandlungsfaktor 10.
Nur von Kilometer zu Meter beträgt der Umwandlungsfaktor 1 000.

$1\text{ m}=10\text{ dm}=100\text{ cm}=1\,000\text{ mm}$

$1\text{ m}=\frac{1}{1000}\text{ km}$

$10\,\%$ von $10\text{ m}=10\text{ m}:10=1\text{ m}$

~~1 km~~	1 000 mm	~~$\frac{1}{10}$ dm~~	~~1 mm~~
10 % von 10 m	100 cm	$\frac{1}{1\,000}$ km	~~0,1 m~~

3. a) $\sqrt{80}\approx\sqrt{81}=9$

☐ 8 ☒ 9 ☐ 10 ☐ 20 ☐ 40

b)
```
32 · 32
  96
   64
------
 1024
```

$\Rightarrow 3{,}2\cdot 3{,}2=10{,}24\approx 10$

☐ 8 ☐ 9 ☒ 10 ☐ 20 ☐ 40

4. Das Quadrat hat eine Seitenlänge von $a = 2$ cm. Also beträgt sein Flächeninhalt $A = a \cdot a = 2\text{ cm} \cdot 2\text{ cm} = 4\text{ cm}^2$.

Die Formel für den Flächeninhalt eines Dreiecks lautet:

$$A = \frac{1}{2} \cdot g \cdot h$$

Wenn du beispielsweise für die Grundseite $g = 4$ cm und für die Höhe $h = 2$ cm wählst, ergibt sich für den Flächeninhalt:

$$A = \frac{1}{2} \cdot 4\text{ cm} \cdot 2\text{ cm} = 4\text{ cm}^2$$

Mögliche Lösung:

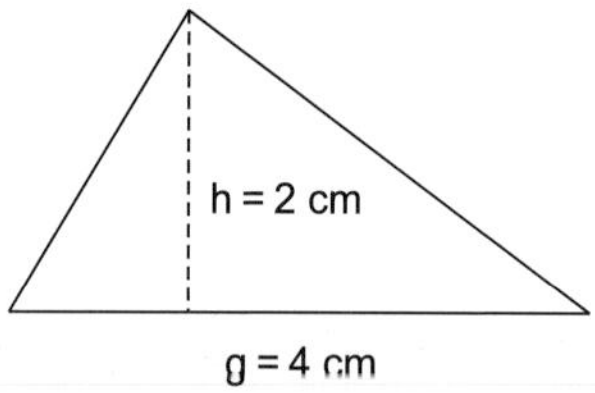

Die Beschriftung der Zeichnung ist in der Prüfung nicht notwendig. Die Maßangaben dienen nur zur Überprüfung deiner Lösung.

5. Falte die Würfelnetze in Gedanken zusammen. Die Flächen mit dem Kreis und mit dem Rechteck müssen sich berühren. Dies ist nur beim dritten Netz der Fall. Bei allen anderen Netzen liegen sich die beiden Flächen jeweils gegenüber.

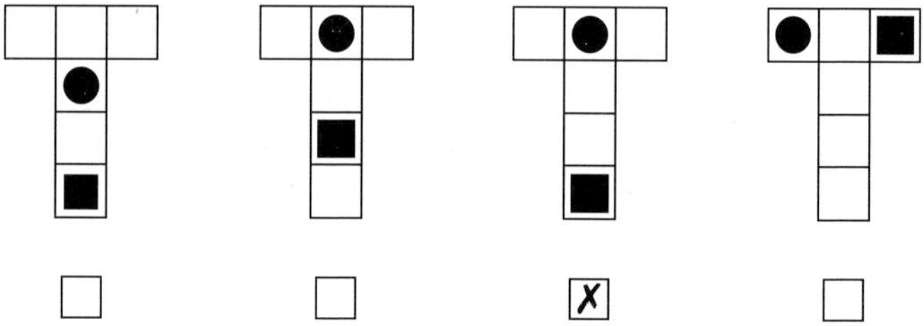

6. In die Breite passen drei kleine Kisten, in die Tiefe zwei und in die Höhe auch zwei.

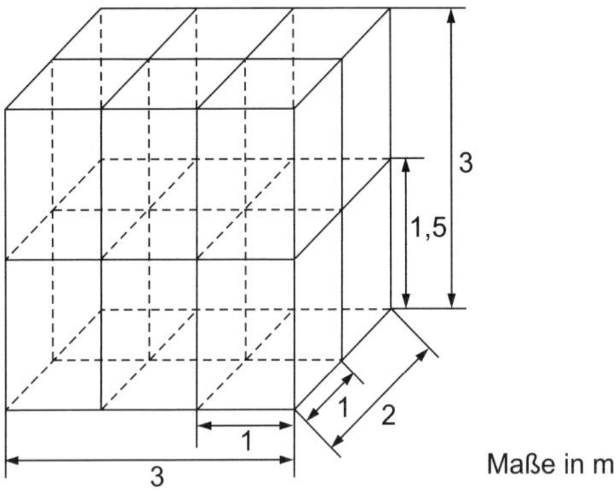

$3 \cdot 2 \cdot 2 = \mathbf{12}$

Man benötigt 12 kleine Kisten, um die große Kiste vollständig auszufüllen.

7. Multipliziere zunächst auf jeder Seite der Gleichung die Klammer aus. Achte dabei auf die Vorzeichen vor der Klammer.
Fasse dann auf jeder Seite zusammen und isoliere die Variable x.

$$4x - 3 \cdot (2x - 3) = 4 - (x + 3) \quad | \text{ Klammern auflösen}$$
$$4x - 6x + 9 = 4 - x - 3 \quad | \text{ zusammenfassen}$$
$$-2x + 9 = 1 - x \quad | +2x - 1$$
$$\mathbf{8 = x}$$

8. Der Graph ist am Anfang steiler und wird zum Ende hin flacher, also steigt das Wasser zunächst schneller und dann immer langsamer. Die Vase muss deshalb unten einen geringeren Durchmesser haben als oben.

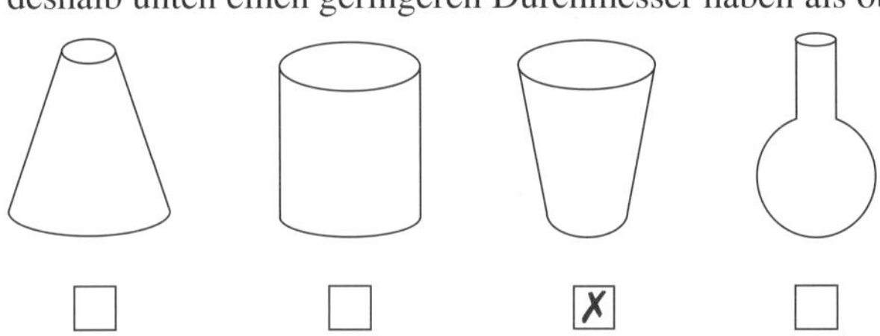

9. Eine lineare Funktion hat die Funktionsgleichung $y = mx + c$. Dabei ist m die Steigung der Geraden und c der y-Achsenabschnitt, d. h., die Gerade schneidet die y-Achse bei $y = c$.
Ist die Steigung positiv, dann steigt die Gerade wie bei Graph C und D.
Ist die Steigung negativ, dann fällt die Gerade wie bei Graph A und B.

(1) $y = 2x + 3$ Graph **C**

(2) $y = 2x - 3$ Graph **D**

(3) $y = -2x + 3$ Graph **B**

(4) $y = -2x - 3$ Graph **A**

10. Den Notendurchschnitt erhält man, indem man die Summe der einzelnen Noten durch die Gesamtzahl der Noten dividiert.

$$(2+3+4+2+?):5 = 3$$
$$(11+?):5 = 3 \quad |\cdot 5$$
$$11+? = 15 \quad |-11$$
$$\mathbf{? = 4}$$

Felix hat in der letzten Klassenarbeit eine 4 bekommen.

Teil A 2 – Pflichtteil

1. Berechne, wie viele Becher Familie Berger pro Woche von jeder Bechergröße kaufen muss, um 2,5 kg Joghurt zu erhalten, und wie viel sie dafür bezahlen muss.
Beachte: Bei Massen beträgt der Umwandlungsfaktor 1 000.
2,5 kg = 2 500 g

Kleine Becher:
2 500 g : 125 g = 20
20 · 0,39 € = 7,80 €

Große Becher:
2 500 g : 500 g = 5
5 · 1,39 € = 6,95 €

Berechne nun die Ersparnis pro Woche und im ganzen Jahr.
Ein Jahr hat 52 Wochen.

Ersparnis pro Woche:
7,80 € – 6,95 € = 0,85 €

Ersparnis pro Jahr:
$52 \cdot 0{,}85\ € = \mathbf{44{,}20\ €}$

Familie Berger kann in einem Jahr 44,20 € sparen, wenn sie anstatt kleiner Becher nur noch große Becher kauft.

2. Berechne das Volumen der Wasserfüllung des Schwimmbeckens. Das Becken setzt sich zusammen aus einem Dreiecksprisma mit einem rechtwinkligen Dreieck als Grundfläche (Nichtschwimmerbecken) und einem Quader (Schwimmerbecken).

Nichtschwimmerbecken:
$g = 15\ m;\ h = 15\ m;\ h_K = 80\ cm = 0{,}8\ m$

$$V_1 = A_G \cdot h_K$$

$$V_1 = \frac{1}{2} \cdot g \cdot h \cdot h_K$$

$$V_1 = \frac{1}{2} \cdot 15\ m \cdot 15\ m \cdot 0{,}8\ m$$

$$V_1 = 90\ m^3$$

Schwimmerbecken:
$a = 15\ m;\ b = 25\ m;\ c = 1{,}8\ m$

$$V_2 = a \cdot b \cdot c$$
$$V_2 = 15\ m \cdot 25\ m \cdot 1{,}8\ m$$
$$V_2 = 675\ m^3$$

Gesamter Beckeninhalt:

$$V_{gesamt} = V_1 + V_2$$
$$V_{gesamt} = 90\ m^3 + 675\ m^3$$
$$V_{gesamt} = 765\ m^3$$

Gib nun das Volumen in Litern an.
$1\ m^3 = 1\,000\ dm^3$
$1\ dm^3 = 1\ \ell$

$$V_{gesamt} = 765\ m^3 = 765\,000\ dm^3 = \mathbf{765\,000\ \ell}$$

Im gesamten Schwimmbecken befinden sich 765 000 Liter Wasser.

3. Um das Netz des Prismas zeichnen zu können, musst du zuerst die fehlende Seitenlänge der Grundfläche (rechtwinkliges Dreieck) über den Satz des Pythagoras berechnen.

$$\begin{aligned} a^2 + b^2 &= c^2 \\ a^2 + (3\text{ cm})^2 &= (5\text{ cm})^2 \\ a^2 + 9\text{ cm}^2 &= 25\text{ cm}^2 &&\mid -9\text{ cm}^2 \\ a^2 &= 16\text{ cm}^2 &&\mid \sqrt{} \\ a &= 4\text{ cm} \end{aligned}$$

Mögliche Lösung:

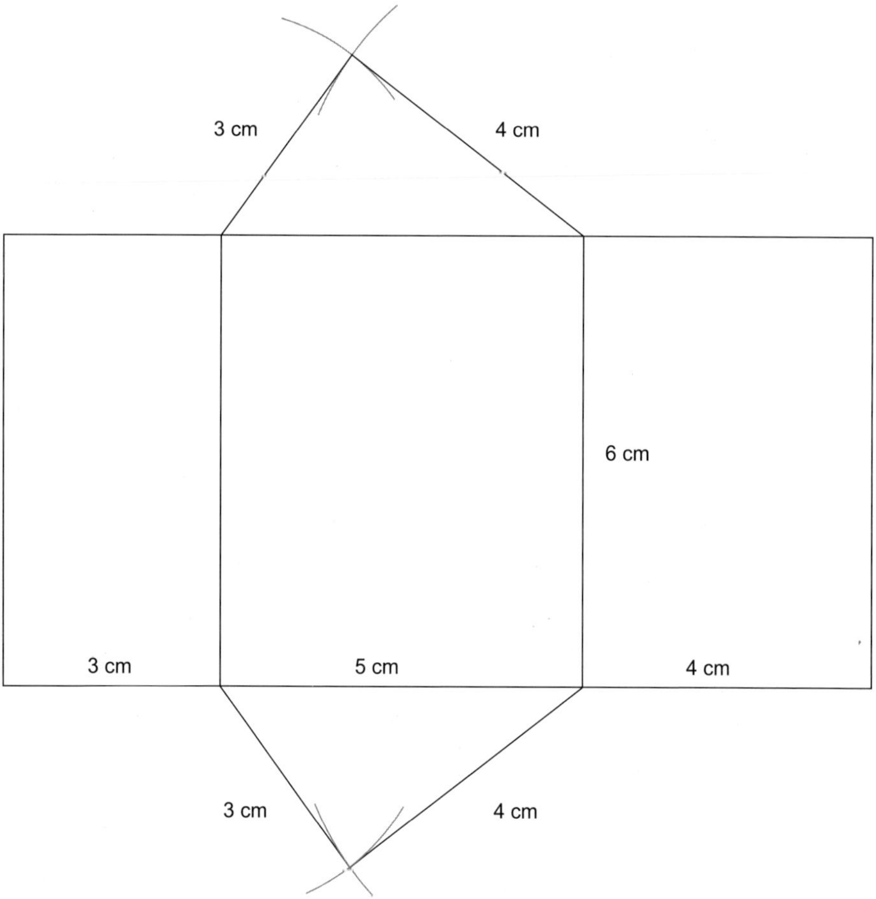

Die einzelnen Flächen können auch anders angeordnet sein. Die Maßangaben sind nicht notwendig. Sie dienen nur zur Überprüfung deiner Lösung.

4. Berechne die Mietkosten für die beiden Wohnungen. Sie setzen sich jeweils aus der Kaltmiete und den Nebenkosten zusammen.

Kaltmiete Wohnung A:

$$58\ \text{m}^2 \cdot 8{,}20\ \frac{€}{\text{m}^2} = 475{,}60\ €$$

Zur Berechnung der Nebenkosten benötigst du die Prozentformel.

Nebenkosten Wohnung A:

$$P = \frac{G \cdot p}{100}$$

$$P = \frac{475{,}60\ € \cdot 30}{100}$$

$$P = 142{,}68\ €$$

Gesamtmiete Wohnung A:
$475{,}60\ € + 142{,}68\ € = 618{,}28\ €$

Kaltmiete Wohnung B:

$$65\ \text{m}^2 \cdot 7{,}10\ \frac{€}{\text{m}^2} = 461{,}50\ €$$

Gesamtmiete Wohnung B:
$461{,}50\ € + 135\ € = 596{,}50\ €$

Prüfe nun, welche Wohnung sich Simon und Leon leisten können.

$2 \cdot 300\ € = 600\ €$

$\mathbf{596{,}50\ € < 600\ €} < 618{,}28\ €$

Simon und Leon können sich nur **Wohnung B** leisten.

5. Wenn als erstes Lied „Candy“ gespielt wird, verbleiben für das zweite Lied noch 4 Möglichkeiten.
Du kannst die Wahrscheinlichkeit als Bruch, als Dezimalzahl oder in Prozent angeben.

Wahrscheinlichkeit („Love Me“ als zweites Lied):

$$\mathbf{\frac{1}{4} = 0{,}25 = 25\ \%}$$

Für die verbleibenden drei Lieder sind folgende **sechs Reihenfolgen** möglich:
Magisch – Rockstar – Havana
Magisch – Havana – Rockstar
Rockstar – Magisch – Havana
Rockstar – Havana – Magisch
Havana – Magisch – Rockstar
Havana – Rockstar – Magisch

Teil B – Wahlteil

1. a) Berechne zuerst, wie viele Schülerinnen und Schüler an keiner Arbeitsgruppe (AG) teilnehmen.
Bestimme dann den Prozentsatz. Du kannst mit der Prozentformel oder mit dem Dreisatz rechnen.

Schülerinnen und Schüler ohne AG:
$580 - 320 = 260$

$$p\ \% = \frac{P \cdot 100}{G}$$

$$p\ \% = \frac{260 \cdot 100}{580}\ \%$$

$\mathbf{p\ \% \approx 44{,}8\ \%}$

oder:

$580 \mathrel{\hat{=}} 100\ \%$
$1 \mathrel{\hat{=}} 100\ \% : 580$
$260 \mathrel{\hat{=}} 100\ \% : 580 \cdot 260 \approx \mathbf{44{,}8\ \%}$

Rund 44,8 % der Schülerinnen und Schüler nehmen dieses Jahr nicht an einer der vier angebotenen Arbeitsgruppen teil.

b) Um die Prozentsätze in einem Kreisdiagramm veranschaulichen zu können, musst du zunächst die zugehörigen Mittelpunktswinkel berechnen.

$100\,\% \triangleq 360°$
$1\,\% \triangleq 3{,}6°$
$45\,\% \triangleq 162°$ Musik
$27{,}5\,\% \triangleq 99°$ Sport
$15\,\% \triangleq 54°$ Umwelt
$12{,}5\,\% \triangleq 45°$ Theater

Der Radius des Kreisdiagramms beträgt r = 3 cm. Vergiss nicht, das Diagramm zu beschriften.

AG-Wahl der Gemeinschaftsschule

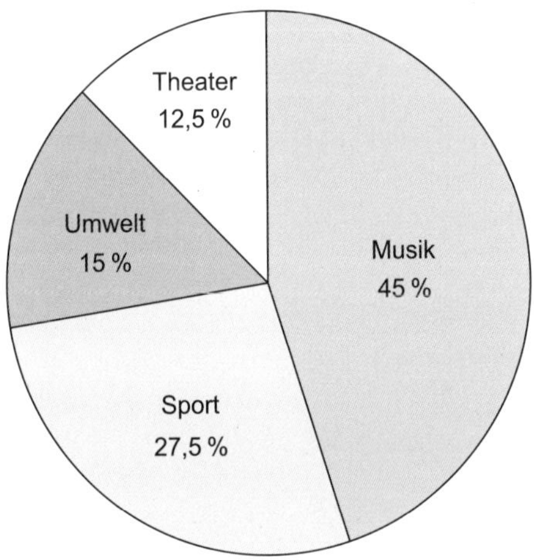

2. a) Überlege, wo die Symmetrieachsen des Sterns überall verlaufen können. Wenn du die Figur an der Spiegelachse in Gedanken zusammenfaltest, müssen die Hälften deckungsgleich sein.

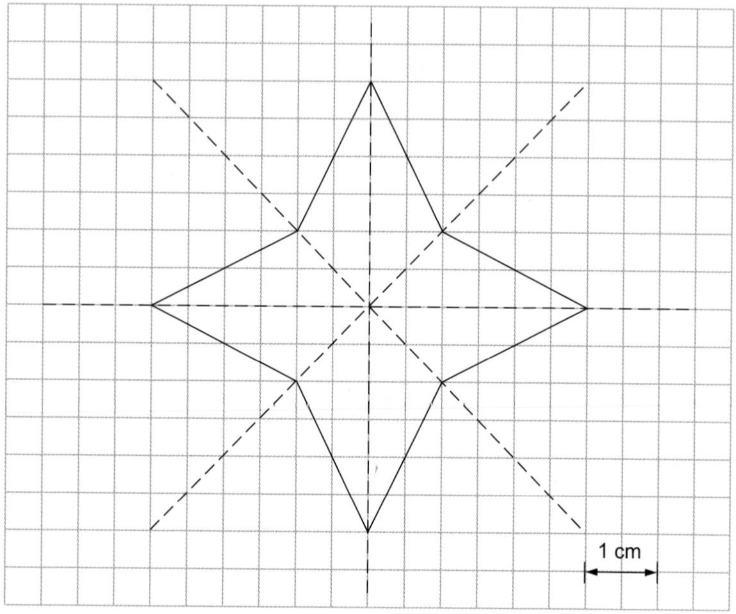

Der Stern hat **4 Symmetrieachsen**.

b) Zerlege den Stern in Teilflächen, um den Flächeninhalt zu berechnen. Er setzt sich aus vier gleichschenkligen Dreiecken und einem Quadrat zusammen. Die Maße kannst du der Zeichnung entnehmen.

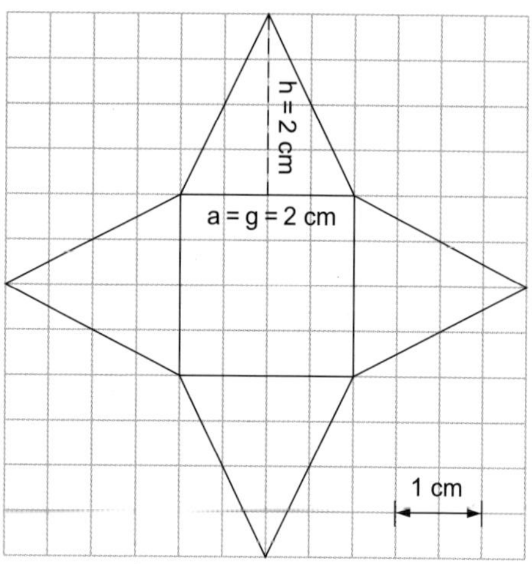

Flächeninhalt eines Dreiecks:
$g = 2\ cm;\ h = 2\ cm$

$A_{Dreieck} = \frac{1}{2} \cdot g \cdot h$

$A_{Dreieck} = \frac{1}{2} \cdot 2\ cm \cdot 2\ cm$

$A_{Dreieck} = 2\ cm^2$

Flächeninhalt des Quadrats:
$a = 2\ cm$
$A_{Quadrat} = a \cdot a$
$A_{Quadrat} = 2\ cm \cdot 2\ cm$
$A_{Quadrat} = 4\ cm^2$

Flächeninhalt des Sterns:
$A_{Stern} = 4 \cdot A_{Dreieck} + A_{Quadrat}$
$A_{Stern} = 4 \cdot 2\ cm^2 + 4\ cm^2$
$\mathbf{A_{Stern} = 12\ cm^2}$

Der Flächeninhalt des Sterns beträgt 12 cm^2.

Um den Umfang des Sterns zu berechnen, benötigst du die Schenkellänge des gleichseitigen Dreiecks. Diese kannst du über den Satz des Pythagoras ermitteln.

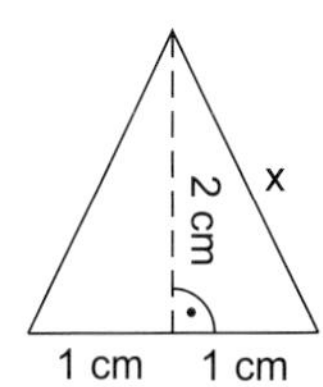

Schenkellänge x des Dreiecks:

$$\begin{aligned} a^2 + b^2 &= c^2 \\ (1\ cm)^2 + (2\ cm)^2 &= x^2 \\ 1\ cm^2 + 4\ cm^2 &= x^2 \\ 5\ cm^2 &= x^2 \qquad \mid \sqrt{\ } \\ 2{,}236\ cm &\approx x \end{aligned}$$

Umfang des Sterns:
$u_{Stern} = 8 \cdot x$
$u_{Stern} = 8 \cdot 2{,}236\ cm$
$\mathbf{u_{Stern} \approx 17{,}89\ cm}$

Der Umfang des Sterns beträgt rund 17,89 cm.

3. a) Markiere den Punkt mit den Koordinaten 11.50 Uhr (Rechtswert) und 20 km bei D-Burgen (Hochwert) und verlängere den Graphen bis zu diesem Punkt.

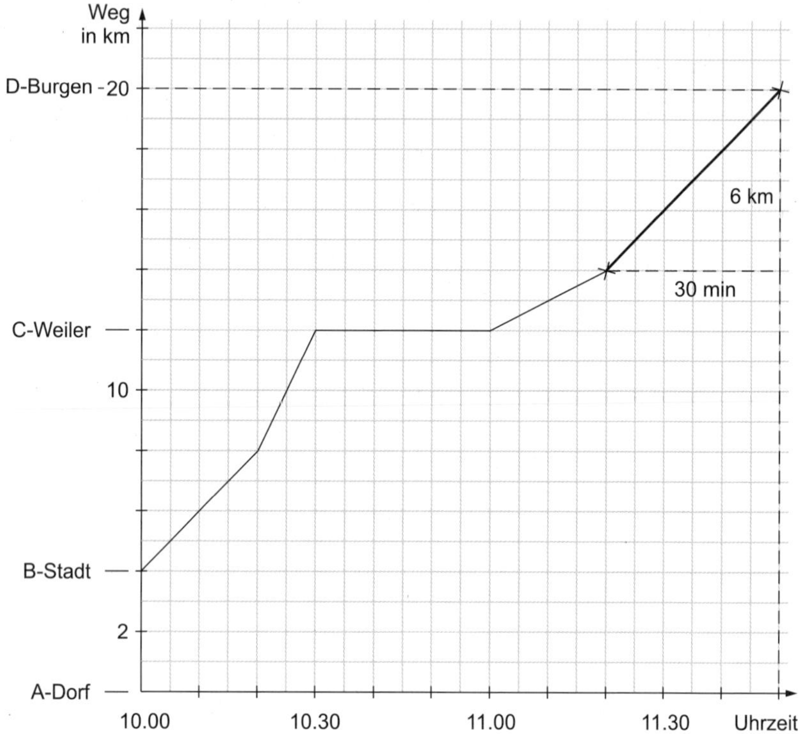

Achte auf die Achseneinteilung: 1 Strich (2 Kästchen) auf der Rechtswertachse entspricht 10 min. 1 Strich (2 Kästchen) auf der Hochwertachse entspricht 2 km.

Für den letzten Teil der Strecke benötigt Paulina 30 min (von 11.20 Uhr bis 11.50 Uhr). Diese Strecke ist 20 km – 14 km = 6 km lang. In einer Stunde würde Paulina die doppelte Strecke (2 · 6 km = 12 km) schaffen. Sie fährt also mit einer Geschwindigkeit von $\mathbf{12\,\frac{km}{h}}$.

Du kannst auch mit der Formel für Geschwindigkeiten rechnen.

$$s = 6\text{ km};\ t = 30\text{ min} = \frac{1}{2}\text{ h}$$

$$v = \frac{s}{t} = \frac{6\text{ km}}{\frac{1}{2}\text{ h}} = \frac{6 \cdot 2\text{ km}}{1\text{ h}} = \mathbf{12\,\frac{km}{h}}$$

b) Mathilda fährt mit einer konstanten Geschwindigkeit, d. h., ihr Graph ist eine Gerade. Um die Gerade zeichnen zu können, benötigst du zwei Punkte, die du verbinden kannst. Markiere den ersten Punkt bei 10.30 Uhr in A-Dorf (0 km). Da Mathilda in einer Stunde 36 km fährt, schafft sie in einer halben Stunde (bis 11.00 Uhr) 18 km. Markiere auch diesen Punkt.

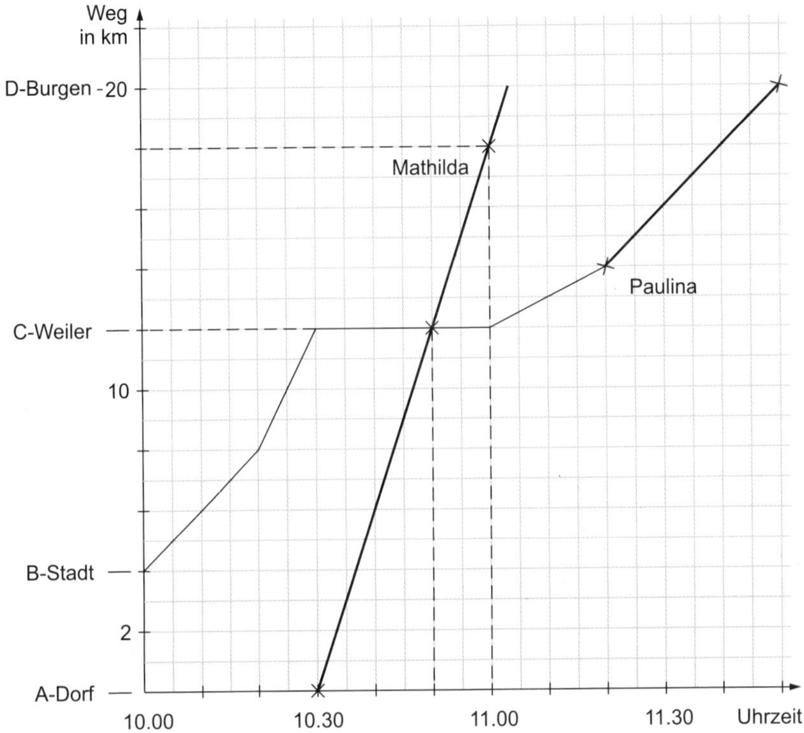

Zeitpunkt und Ort, an dem die beiden Mädchen aufeinandertreffen, kannst du am Schnittpunkt der beiden Graphen ablesen.

Mathilda und Paulina treffen sich **um 10.50 Uhr in C-Weiler**.

Aufgaben im Stil der Hauptschulabschlussprüfung
Mathematik – Übungsaufgabe 2

Teil A 1 – Pflichtteil (hilfsmittelfrei)

1. Löse die Aufgabe durch Probieren. Setze auf der linken Seite Klammern und schaue, ob du als Ergebnis die Zahl 8 erhältst.
Beachte: Klammerrechnung vor Punktrechnung vor Strichrechnung!

$$(9-5)\cdot(3-1)=8$$
$$4\cdot 2=8$$
$$8=8 \quad \text{(wahr)}$$

2. Bei der Umwandlung von Bruch, Dezimalzahl und Prozent hilft es dir, wenn du als Nenner die Zahl 100 wählst.

$$\frac{1}{2}=\frac{50}{100}=0{,}5=50\ \%$$

$$0{,}25=\frac{25}{100}=\frac{1}{4}=25\ \%$$

$$10\ \%=\frac{10}{100}=\frac{1}{10}=0{,}1$$

Bruch	Dezimalzahl	Prozent
$\frac{1}{2}$	**0,5**	**50 %**
$\mathbf{\frac{1}{4}}$	0,25	**25 %**
$\mathbf{\frac{1}{10}}$	**0,1**	10 %

3. a) $\sqrt{9}=3;\quad \sqrt{16}=4$

Das Ergebnis von $\sqrt{10}$ liegt näher an der 3 als an der 4.

$$\begin{array}{r} \underline{31\cdot 31} \\ 93 \\ \underline{31} \\ 961 \end{array} \qquad\qquad \begin{array}{r} \underline{32\cdot 32} \\ 96 \\ \underline{64} \\ 1024 \end{array}$$

$\Rightarrow 3{,}1\cdot 3{,}1=9{,}61 \qquad \Rightarrow 3{,}2\cdot 3{,}2=10{,}24$

Das Ergebnis von $\sqrt{10}$ liegt zwischen 3,1 und 3,2.

b) $\begin{array}{r} \underline{14 \cdot 14} \\ 14 \\ 56 \\ \hline 196 \end{array}$

$\Rightarrow 1{,}4 \cdot 1{,}4 = 1{,}96$

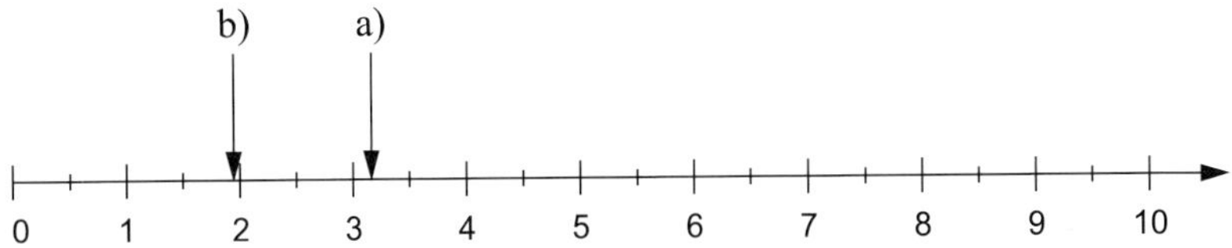

Es werden auch Markierungen akzeptiert, die in der Nähe der exakten Lösungen liegen.

4. Vergleiche die Flächeninhalte der drei Figuren. Entnimm der Zeichnung die benötigten Streckenlängen. 2 Kästchen entsprechen 1 cm.

$A_{\text{Rechteck}} = a \cdot b = 2\text{ cm} \cdot 1{,}5\text{ cm} = 3\text{ cm}^2$

$A_{\text{Dreieck}} = \frac{1}{2} \cdot g \cdot h = \frac{1}{2} \cdot 2\text{ cm} \cdot 2\text{ cm} = 2\text{ cm}^2$

$A_{\text{Kreis}} = \pi \cdot r^2 \approx 3{,}14 \cdot (1\text{ cm})^2 = 3{,}14\text{ cm}^2$

Der **Kreis** hat den größten Flächeninhalt.

5. In rechtwinkligen Dreiecken gilt der Satz des Pythagoras: Die Summe der Quadrate über den Katheten (den kurzen Seiten) ist gleich dem Quadrat über der Hypotenuse (der langen Seite).

$(4\text{ cm})^2 + (5\text{ cm})^2 \stackrel{?}{=} (6\text{ cm})^2$

$16\text{ cm}^2 + 25\text{ cm}^2 \stackrel{?}{=} 36\text{ cm}^2$

$41\text{ cm}^2 \neq 36\text{ cm}^2$

Dreieck 1 ist nicht rechtwinklig.

$(3\text{ m})^2 + (4\text{ m})^2 \stackrel{?}{=} (5\text{ m})^2$

$9\text{ m}^2 + 16\text{ m}^2 \stackrel{?}{=} 25\text{ m}^2$

$25\text{ m}^2 = 25\text{ m}^2$

Dreieck 2 ist rechtwinklig.

6. Die Formel zur Volumenberechnung eines Quaders lautet: $V = a \cdot b \cdot c$

$V_1 = 10\text{ cm} \cdot 10\text{ cm} \cdot 30\text{ cm} = 3\,000\text{ cm}^3$

$V_2 = 10\text{ cm} \cdot 10\text{ cm} \cdot 60\text{ cm} = 6\,000\text{ cm}^3$

Emma hat **nicht recht**, das Volumen **verdoppelt** sich nur.

7. Multipliziere zunächst die Klammer aus. Dazu musst du jedes Glied in der Klammer mit der Zahl vor der Klammer malnehmen.
Fasse dann zusammen und isoliere die Variable x.

$$\begin{aligned} 2(x-7) &= -5x+6+3x \quad &&|\text{ Klammer auflösen} \\ 2x-14 &= -5x+6+3x \quad &&|\text{ zusammenfassen} \\ 2x-14 &= -2x+6 \quad &&|+2x+14 \\ 4x &= 20 \quad &&|:4 \\ \mathbf{x} &\mathbf{= 5} \end{aligned}$$

8. Marie geht zur Schule. ⇒ Der Graph steigt.
Marie bleibt stehen. ⇒ Der Graph verläuft waagerecht zur Zeit-Achse.
Marie rennt zur Schule. ⇒ Der Graph verläuft steiler als zu Beginn.

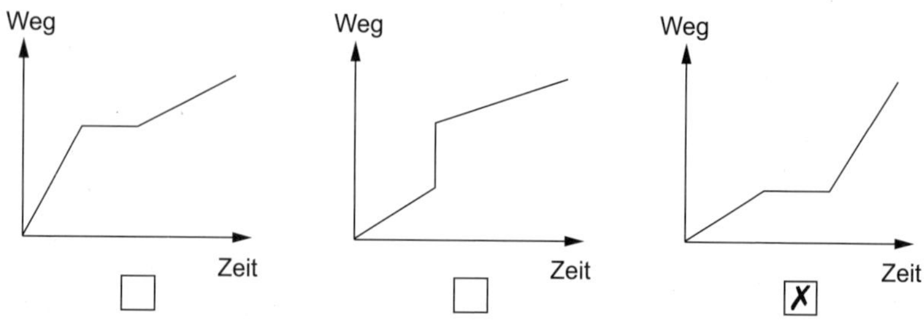

9. Eine lineare Funktion hat die Funktionsgleichung $y = mx + c$. Dabei ist m die Steigung der Geraden und c der y-Achsenabschnitt.
Bei Funktion A ist der y-Achsenabschnitt $c = 2$. Die Graphen von allen anderen Funktionen verlaufen durch den Ursprung.
Die Funktionen A und B haben eine negative Steigung, d. h., die Geraden von A und B fallen.
Die Funktionen C und D haben eine positive Steigung, d. h., die Geraden von C und D steigen. Der Graph von D steigt steiler als der von C, da die Steigung größer ist.

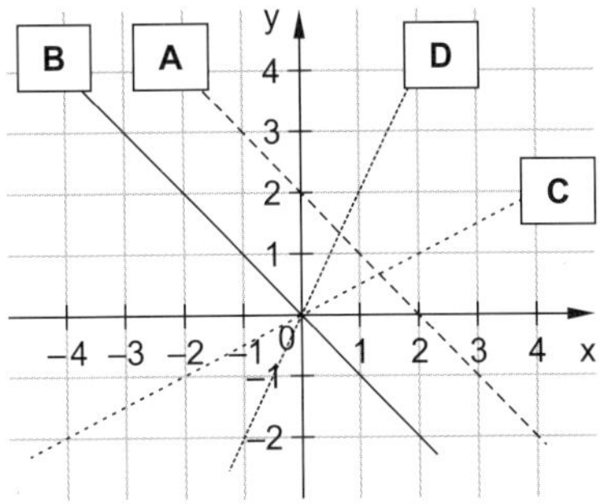

10. Sieh dir die Kreisausschnitte in den Diagrammen genau an und prüfe, welche zu den gegebenen Prozentangaben passen.
45 % sind etwas weniger als ein Halbkreis. Das passt zu Diagramm 1, aber nicht zu Diagramm 2 (genau die Hälfte) und auch nicht zu Diagramm 3 (deutlich weniger als die Hälfte). Auch die anderen Prozentangaben passen nur zu Diagramm 1.

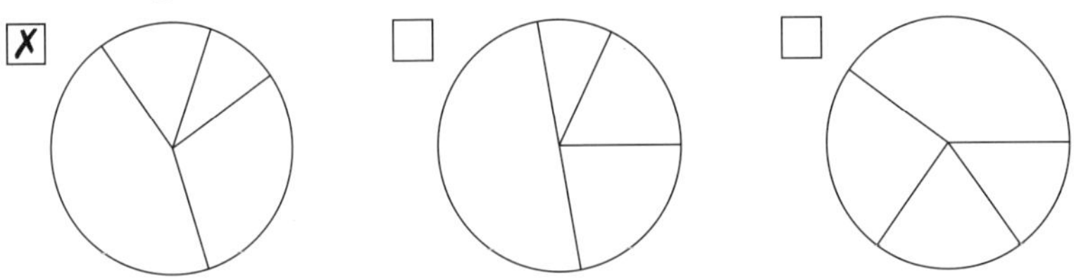

Teil A 2 – Pflichtteil

1. Bei dieser Aufgabe liegt ein indirektes Verhältnis (antiproportionale Zuordnung) vor. Je mehr Taschengeld Nora ausgibt, desto weniger lang reicht es. Rechne mit dem Dreisatz. Berechne zuvor noch in einem Zwischenschritt, wie viel Euro Nora täglich im Urlaub ausgibt.

7,50 € + 3,00 € = 10,50 €

$$\begin{array}{lrcl} :7{,}5 & 7{,}50\,€ & \hat{=} & 14 \text{ Tage} \quad \cdot 7{,}5 \\ \cdot 10{,}5 & 1\,€ & \hat{=} & 105 \text{ Tage} \quad : 10{,}5 \\ & 10{,}50\,€ & \hat{=} & \mathbf{10\ Tage} \end{array}$$

Nora hat ihr Taschengeld bereits nach 10 Tagen ausgegeben.

oder:

Nora hat insgesamt 7,50 € · 14 = 105 € Taschengeld zur Verfügung.
Sie gibt täglich 7,50 € + 3,00 € = 10,50 € aus. Das reicht für
$105\,€ : 10{,}50 \frac{€}{\text{Tag}} =$ **10 Tage**.

2. Um das Volumen des Holzabfalls zu berechnen, musst du vom Volumen des Würfels das Volumen des Zylinders abziehen.
Da der Zylinder möglichst groß sein soll, entspricht die Kantenlänge des Würfels dem Durchmesser und der Körperhöhe des Zylinders.

Würfelvolumen:
$a = 50\text{ cm}$
$V_{\text{Würfel}} = a \cdot a \cdot a$
$V_{\text{Würfel}} = 50\text{ cm} \cdot 50\text{ cm} \cdot 50\text{ cm}$
$V_{\text{Würfel}} = 125\,000\text{ cm}^3$

Zylindervolumen:
$d = 50\text{ cm} \Rightarrow r = 25\text{ cm}; \quad h = 50\text{ cm}$
$V_{\text{Zylinder}} = \pi \cdot r^2 \cdot h$
$V_{\text{Zylinder}} = \pi \cdot (25\text{ cm})^2 \cdot 50\text{ cm}$
$V_{\text{Zylinder}} \approx 98\,174{,}77\text{ cm}^3$

Volumen des Holzabfalls:
$V_{\text{Abfall}} = V_{\text{Würfel}} - V_{\text{Zylinder}}$
$V_{\text{Abfall}} = 125\,000\text{ cm}^3 - 98\,174{,}77\text{ cm}^3$
$V_{\text{Abfall}} = 26\,825{,}23\text{ cm}^3 \approx \mathbf{26\,825\text{ cm}^3}$

Es fallen rund 26 825 cm³ Holzabfall an.

3. Das Dreieck ABC ist rechtwinklig, daher kannst du die fehlende Seitenlänge b (Kathete) über den Satz des Pythagoras berechnen.
Den fehlenden Winkel β bestimmst du über die Winkelsumme im Dreieck. Diese beträgt 180°.

Seitenlänge b:

$$\begin{aligned} a^2 + b^2 &= c^2 \\ (15\text{ cm})^2 + b^2 &= (25\text{ cm})^2 \\ 225\text{ cm}^2 + b^2 &= 625\text{ cm}^2 \qquad \left| -225\text{ cm}^2 \right. \\ b^2 &= 400\text{ cm}^2 \qquad \left| \sqrt{} \right. \\ \mathbf{b} &= \mathbf{20\text{ cm}} \end{aligned}$$

Winkelgröße β:

$$\begin{aligned} \alpha + \beta + \gamma &= 180° \\ 37° + \beta + 90° &= 180° \\ \beta + 127° &= 180° \qquad \left| -127° \right. \\ \boldsymbol{\beta} &= \mathbf{53°} \end{aligned}$$

Die Seite b ist 20 cm lang und der Winkel β beträgt 53°.

4. Bei der Funktionsgleichung $y = -1{,}5x + 6$ handelt sich um eine lineare Funktion. Der zugehörige Graph ist eine Gerade. Du kannst sie mithilfe einer Wertetabelle zeichnen. Du kannst die Gerade aber auch mithilfe des y-Achsenabschnittes ($c = 6$) sowie des Steigungsdreiecks ($m = -1{,}5$) zeichnen. Vergiss nicht, die Achsen zu beschriften.

Wertetabelle:

Abbrenndauer in h	0	1	2	3	4
Länge der Kerze in cm	6	4,5	3	1,5	0

Die Wertetabelle ist nicht gefordert. Sie hilft dir aber bei der Lösung der Aufgabe.

Graph:

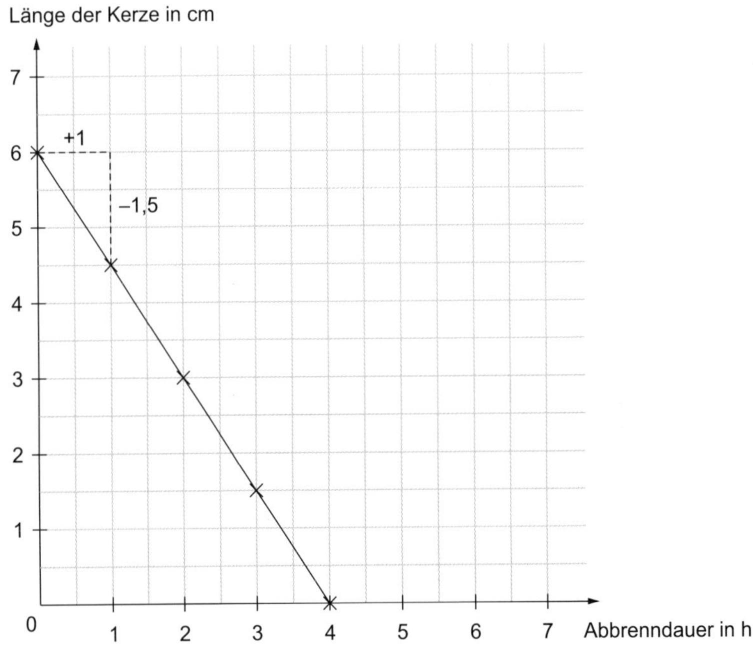

Den Zeitpunkt, wann die Kerze vollständig abgebrannt ist, kannst du ganz einfach aus der Wertetabelle und aus dem Graphen ablesen.
Du kannst ihn aber auch berechnen, indem du in der Funktionsgleichung für $y = 0$ setzt.

$$
\begin{aligned}
y &= -1{,}5x + 6 & & \\
0 &= -1{,}5x + 6 & & |-6 \\
-6 &= -1{,}5x & & |:(-1{,}5) \\
\mathbf{4} &= \mathbf{x} & &
\end{aligned}
$$

Nach **4 Stunden** ist die Kerze vollständig abgebrannt.

5. Für die Wahrscheinlichkeit eines Zufallsversuchs gilt:

$$\text{Wahrscheinlichkeit} = \frac{\text{Anzahl der günstigen Ergebnisse}}{\text{Anzahl der möglichen Ergebnisse}}$$

Glücksrad A:
Günstige Ergebnisse (gerade Zahl): 2, 4

$$\text{Wahrscheinlichkeit} = \frac{2}{5}$$

Glücksrad B:
Günstige Ergebnisse (gerade Zahl): 2, 4, 6, 8, 10

$$\text{Wahrscheinlichkeit} = \frac{5}{11}$$

Vergleiche nun die Wahrscheinlichkeiten für das Ereignis „gerade Zahl" der beiden Glücksräder.

Vergleich Glücksrad A – Glücksrad B:

$$\frac{2}{5} = \frac{22}{55}$$

$$\frac{5}{11} = \frac{25}{55}$$

$$\Rightarrow \quad \mathbf{\frac{2}{5} < \frac{5}{11}}$$

Ich entscheide mich für **Glücksrad B**, weil dort die Wahrscheinlichkeit höher ist, eine gerade Zahl zu drehen und somit zu gewinnen.

Wenn man nun bei einer ungeraden Zahl gewinnt, ändert sich jeweils die Anzahl der günstigen Ergebnisse und damit auch die Wahrscheinlichkeit. Vergleiche erneut.

Glücksrad A:
Günstige Ergebnisse (ungerade Zahl): 1, 3, 5

Wahrscheinlichkeit $= \frac{3}{5}$

Glücksrad B:
Günstige Ergebnisse (gerade Zahl): 1, 3, 5, 7, 9, 11

Wahrscheinlichkeit $= \frac{6}{11}$

Vergleich Glücksrad A – Glücksrad B:

$\frac{3}{5} = \frac{33}{55}$

$\frac{6}{11} = \frac{30}{55}$

$\Rightarrow \quad \mathbf{\frac{3}{5} > \frac{6}{11}}$

Ich entscheide mich nun für **Glücksrad A**, weil dort die Wahrscheinlichkeit höher ist, eine ungerade Zahl zu drehen und somit zu gewinnen.

Eine Rechnung ist hier nicht unbedingt erforderlich, du kannst deine Entscheidung auch nur mit Worten ausführlich begründen.

Teil B – Wahlteil

1. a) Lies die Gewinne bzw. Verluste der einzelnen Quartale aus dem Diagramm ab und rechne sie zusammen. Beachte dabei die Einheit der Hochwertachse: „in Tausend Euro".
Um das durchschnittliche monatliche Ergebnis zu erhalten, muss du das Gesamtergebnis durch 12 teilen.

Gesamtergebnis:
–7 500 € + 12 500 € + 35 000 € – 2 500 € = **37 500 €**

Die Eisdiele erzielte im letzten Jahr ein Gesamtergebnis von 37 500 €.

Durchschnittliches monatliches Ergebnis:
37 500 € : 12 = **3 125 €**

Die Eisdiele erzielte im letzten Jahr ein durchschnittliches monatliches Ergebnis von 3 125 €.

b) Berechne jeweils den verbleibenden Verlust im 1. und im 4. Quartal. Im 1. Quartal verbleibt ein Verlust von 5 % des Verlustes vom Vorjahr. Im 4. Quartal reduziert sich der Verlust um 60 %, d. h., es verbleibt ein Verlust von 100 % – 60 % = 40 % im Vergleich zum Vorjahr. Rechne mit der Prozentformel oder mit dem Dreisatz.

Verbleibender Verlust im 1. Quartal:

$$P = \frac{G \cdot p}{100}$$

$$P = \frac{7\,500\ € \cdot 5}{100}$$

$$\mathbf{P = 375\ €}$$

oder:

$$\begin{aligned} &: 100 \quad 100\ \% \mathrel{\hat{=}} 7\,500\ € \quad : 100 \\ &\cdot 5 \quad 1\ \% \mathrel{\hat{=}} 75\ € \quad \cdot 5 \\ &5\ \% \mathrel{\hat{=}} \mathbf{375\ €} \end{aligned}$$

Verbleibender Verlust im 4. Quartal:

$$P = \frac{G \cdot p}{100}$$

$$P = \frac{2\,500\ € \cdot 40}{100}$$

$$\mathbf{P = 1\,000\ €}$$

Du kannst hier auch erst die 60 % berechnen und diese dann vom Vorjahresverlust abziehen.

$$P = \frac{G \cdot p}{100}$$

$$P = \frac{2\,500\ € \cdot 60}{100}$$

$$P = 1\,500\ €$$

$$2\,500\ € - 1\,500\ € = \mathbf{1\,000\ €}$$

Durch die neuen Verkaufsmaßnahmen verringert sich in diesem Jahr der Verlust der Eisdiele im 1. Quartal auf 375 € und im 4. Quartal auf 1 000 €.

2. a) Von Ende Juni bis Ende August fällt der Graph, das **Guthaben** von Anna **sinkt** in diesem Zeitraum von 650 € auf 450 €. Anna hat also in diesem Zeitraum um 200 € mehr ausgegeben als gespart.

Du kannst den Graphen von Anna verlängern, um abzulesen, wie viel Geld sie am Jahresende hat. Du kannst aber auch rechnen.

Von Ende August bis Ende September spart Anna 550 € – 450 € = 100 €. Wenn sie die nächsten drei Monate gleichmäßig weiterspart, hat sie am Jahresende 550 € + 3 · 100 € = **850 €**.

b) Beachte, dass der Graph von Konstantin erst im März bei 200 € beginnt und dann gleichmäßig um 50 € pro Monat ansteigt.

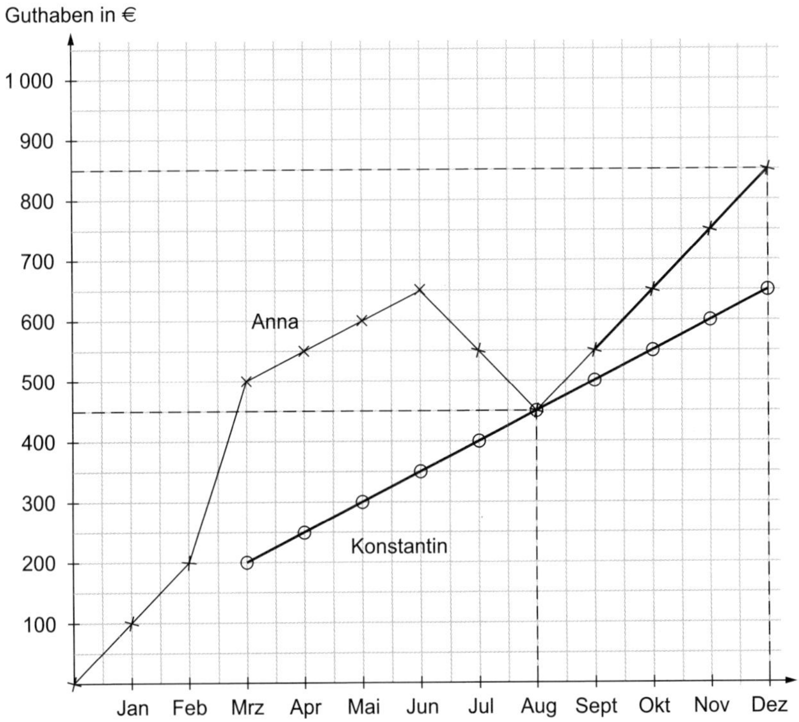

Konstantin hat **Ende August** genauso viel Geld wie Anna.

3. a) Lege ein geeignetes Koordinatensystem mit der Einheit 1 cm an.
x-Achse: –4 cm bis +4 cm; y-Achse: –4 cm bis +4 cm
Trage dann die Punkte A, B und C ein und verbinde sie. Der erste Wert der Koordinaten ist der x-Wert (Rechtswert), der zweite Wert ist der y-Wert (Hochwert).

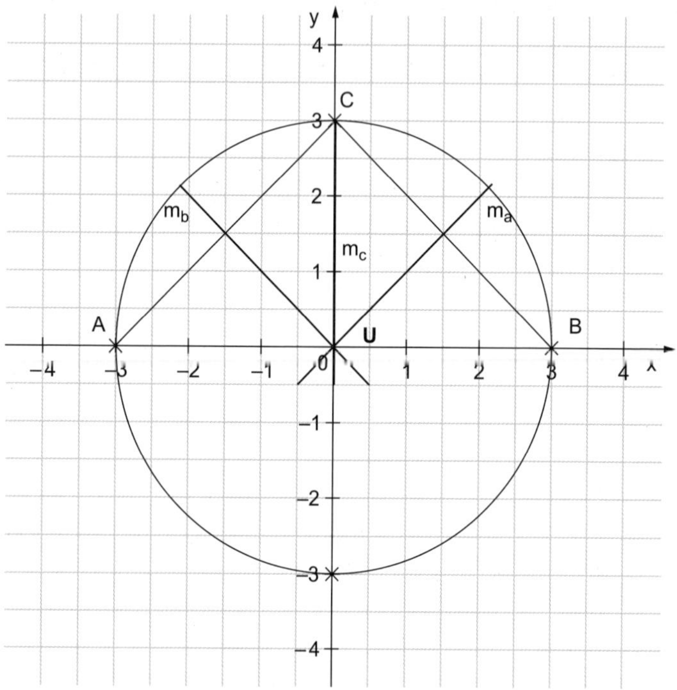

b) Umfang des Kreises:
$u = 2 \cdot \pi \cdot r$
$u = 2 \cdot \pi \cdot 3\ \text{cm}$
$u \approx 18{,}8\ \text{cm}$

Der Umfang des Kreises beträgt rund 18,8 cm.

Aufgaben im Stil der Hauptschulabschlussprüfung
Mathematik – Übungsaufgabe 3

Teil A 1 – Plichtteil (hilfsmittelfrei)

1. Wandle zunächst in dieselbe Einheit um. Bei Flächenmaßen beträgt der Umwandlungsfaktor 100.

$0{,}5\ \text{m}^2 = 50\ \text{dm}^2 = 5\,000\ \text{cm}^2$

$5\ \text{dm}^2 = 500\ \text{cm}^2$

$0{,}5\ \text{m}^2 + 5\ \text{dm}^2 + 50\ \text{cm}^2 = 5\,000\ \text{cm}^2 + 500\ \text{cm}^2 + 50\ \text{cm}^2 =$

$\mathbf{5\,550\ cm^2 = 55{,}5\ dm^2 = 0{,}555\ m^2}$

Es ist egal, ob du das Ergebnis in cm^2, dm^2 oder m^2 angibst.

2. Du kannst mit dem Dreisatz oder mit der Formel rechnen.

$$\cdot 5 \left(\begin{array}{l} 20\ \% \mathrel{\hat{=}} 25\ \text{Stück} \\ 100\ \% \mathrel{\hat{=}} \mathbf{125\ Stück} \end{array} \right) \cdot 5$$

oder:

$$G = \frac{P \cdot 100}{p}$$

$$G = \frac{25\ \text{Stück} \cdot \cancel{100}^{5}}{\cancel{20}}$$

$$\mathbf{G = 125\ Stück}$$

Anfangs waren 125 Stück Fruchtgummis in der Tüte.

3. Wandle die Brüche und die Prozentangabe zunächst in Dezimalzahlen um, damit du sie besser vergleichen kannst.

$$\frac{2}{3} = 0{,}666\ldots$$

$$\frac{3}{2} = 1{,}5$$

$$60\ \% = 0{,}6$$

$$\mathbf{60\ \% < \frac{2}{3} < 0{,}8 < \frac{3}{2} < 2}$$

4. Das Dreieck ABC hat bei C einen stumpfen Winkel. Deshalb musst du die Seite a erst verlängern, damit du die Höhe h_a einzeichnen kannst.

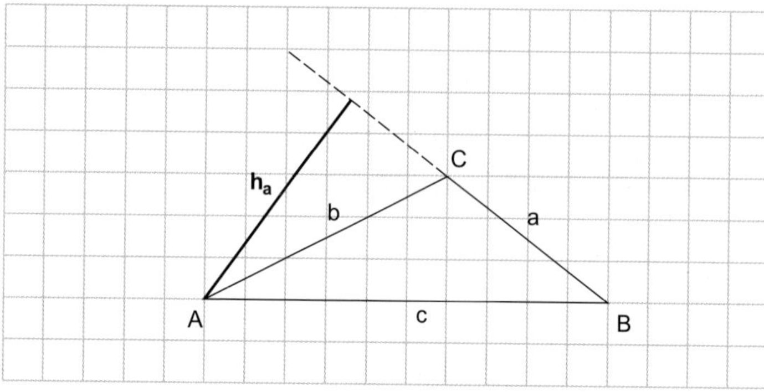

5. Falte die Netze gedanklich zu einem Quader.

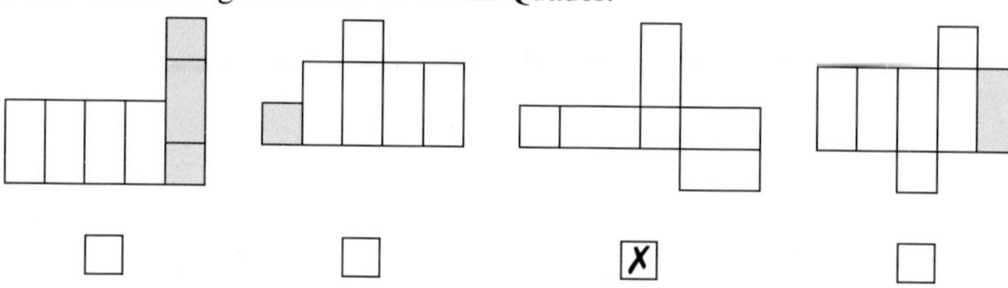

Bei den ersten beiden Netzen sind die grauen Flächen jeweils an der falschen Stelle gezeichnet. Beim letzten Netz gibt es eine Fläche zu viel.

6. Für das Volumen von Quader und Pyramide gelten folgende Formeln:

$V_{Quader} = G_{Qauder} \cdot h_{Qauder}$ und $V_{Pyramide} = \frac{1}{3} \cdot G_{Pyramide} \cdot h_{Pyramide}$

Dabei sind: $G_{Quader} = G_{Pyramide}$ und $h_{Quader} = 2 \cdot h_{Pyramide}$

$$V_{Quader} = x \cdot V_{Pyramide}$$

$$\cancel{G} \cdot h_{Quader} = x \cdot \frac{1}{3} \cdot \cancel{G} \cdot h_{Pyramide}$$

$$2 \cdot \cancel{h_{Pyramide}} = x \cdot \frac{1}{3} \cdot \cancel{h_{Pyramide}}$$

$$2 = x \cdot \frac{1}{3} \qquad | \cdot 3$$

$$6 = x$$

Die Pyramide muss **6-mal** randvoll mit Wasser gefüllt werden, um damit den Quader vollständig zu befüllen.

7. Multipliziere zunächst die Klammer aus. Dazu musst du jedes Glied in der Klammer mit der Zahl vor der Klammer malnehmen. Achte auch auf das Vorzeichen vor der Klammer. Fasse dann zusammen und isoliere die Variable x.

$$
\begin{aligned}
-3\cdot(x-2)+10 &= 4x-5 && \mid \text{Klammer auflösen}\\
-3x+6+10 &= 4x-5 && \mid \text{zusammenfassen}\\
-3x+16 &= 4x-5 && \mid +3x+5\\
21 &= 7x && \mid :7\\
\mathbf{3} &\mathbf{= x}
\end{aligned}
$$

8. Der untere und der obere Teil des Füllkörpers sind gleich groß, deshalb muss das Wasser in diesen Bereichen gleich schnell steigen und der Graph gleich steil verlaufen. Im mittleren Teil ist der Füllkörper schmäler, dort steigt das Wasser schneller und der Graph verläuft steiler.

Graph C stellt den Füllvorgang passend dar.

9. Wird die Gerade an der y-Achse gespiegelt, hat sie die Funktionsgleichung $y=x+5$. Wird die Gerade an der x-Achse gespiegelt, hat sie die Funktionsgleichung $y=x-5$. Wird die Gerade zweimal, also an der x-Achse und an der y-Achse gespiegelt, hat sie die Funktionsgleichung $y=-x-5$.

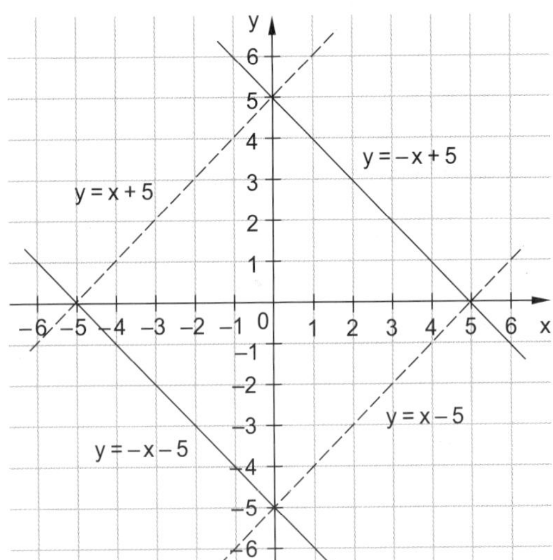

☐ Spiegelung nur an der x-Achse

☐ Spiegelung nur an der y-Achse

☒ Spiegelung an beiden Achsen

10. Für den ersten Starter sind 4 Skiläufer möglich, für den zweiten 3 Skiläufer, für den dritten 2 Skiläufer und für den vierten 1 Skiläufer.

$4 \cdot 3 \cdot 2 \cdot 1 = 24$

☐ 4 ☐ 8 ☐ 12 ☒ 24 ☐ 42

Teil A 2 – Pflichtteil

1. Berechne zuerst die Einnahmen der Tombola.
20 % der Einnahmen werden für die Losgewinne ausgegeben, also können noch 100 % – 20 % = 80 % der Einnahmen gespendet werden. Rechne mit der Prozentformel oder mit dem Dreisatz.

Einnahmen:
$700 \cdot 1{,}50\,€ = 1\,050\,€$

Verfügbares Geld für Spende:

$$P = \frac{G \cdot p}{100}$$

$$P = \frac{1\,050\,€ \cdot 80}{100}$$

$$\mathbf{P = 840\,€}$$

oder:

$$\begin{array}{rrcll} :10 & 100\,\% & \mathrel{\hat=} & 1\,050\,€ & :10 \\ \cdot 8 & 10\,\% & \mathrel{\hat=} & 105\,€ & \cdot 8 \\ & 80\,\% & \mathrel{\hat=} & \mathbf{840\,€} & \end{array}$$

Du kannst auch die Ausgaben für den Einkauf der Losgewinne berechnen und dann von den Gesamteinnahmen abziehen.

Ausgaben für Losgewinne:

$$P = \frac{G \cdot p}{100}$$

$$P = \frac{1\,050\,€ \cdot 20}{100}$$

$$P = 210\,€$$

Verfügbares Geld für Spende:
$1\,050\,€ - 210\,€ = \mathbf{840\,€}$

Die Schule kann 840 € für das Klimaschutzprojekt spenden.

2. Berechne das Volumen der neuen Verpackung und vergleiche es mit dem Volumen der bisherigen Verpackung.
Bei der neuen Verpackung handelt es sich um ein Dreiecksprisma. Es hat ein gleichseitiges Dreieck als Grundfläche, d. h., die drei Seiten des Dreiecks sind alle gleich lang. Da die Höhe des Dreiecks nicht gegeben ist, musst du sie zuerst über den Satz des Pythagoras berechnen.

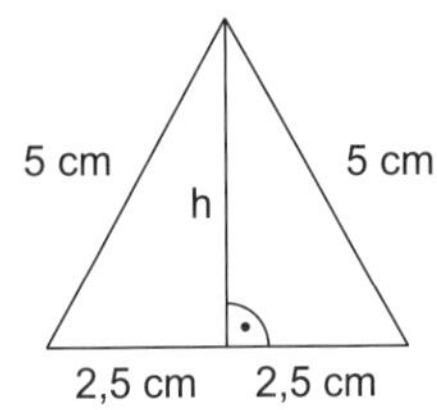

Höhe des Dreiecks:

$$h^2 + (2,5\text{ cm})^2 = (5\text{ cm})^2$$
$$h^2 + 6,25\text{ cm}^2 = 25\text{ cm}^2 \qquad |-6,25\text{ cm}^2$$
$$h^2 = 18,75\text{ cm}^2 \qquad |\sqrt{\ }$$
$$h \approx 4,33\text{ cm}$$

Volumen des Dreiecksprismas:

$g = 5\text{ cm};\ h = 4,33\text{ cm};\ h_K = 10\text{ cm}$

$$V = A_G \cdot h_K$$
$$V = \frac{1}{2} \cdot g \cdot h \cdot h_K$$
$$V = \frac{1}{2} \cdot 5\text{ cm} \cdot 4,33\text{ cm} \cdot 10\text{ cm}$$
$$V = 108,25\text{ cm}^3$$

Vergleich neue Verpackung – alte Verpackung:
$\mathbf{108,25\ cm^3 < 115\ cm^3}$

In die neue Verpackung passen **weniger Schokolinsen** als bisher.

3. Berechne für alle drei Verträge jeweils die Gesamtkosten für 24 Monate und vergleiche sie.

Vertrag 1:
249,95 € + 24 · 40 · 0,29 € = 249,95 € + 278,40 € = 528,35 €

Vertrag 2:
24 · 19,90 € = 477,60 €

Vertrag 3:
159,95 € + 24 · 5,95 € + 24 · 40 · 0,09 € = 159,95 € + 142,80 € + 86,40 €
= 389,15 €

Vergleich der Verträge für 24 Monate:
389,15 € < 477,60 € < 528,35 €

Luis sollte sich für **Vertrag 3** entscheiden, da dieser bei einer Laufzeit von 24 Monaten am günstigsten ist.

4. Bei einem gleichschenkligen Dreieck sind die beiden Schenkel und die beiden daran anliegenden Winkel gleich groß.
Um das Dreieck zeichnen zu können, musst du zuerst die fehlende Größe der Winkel β bzw. γ berechnen. Die Winkelsumme im Dreieck beträgt 180°.

Winkelgröße β bzw. γ:

$$\alpha + 2\beta = 180°$$
$$40° + 2\beta = 180° \quad |-40°$$
$$2\beta = 140° \quad |:2$$
$$\boldsymbol{\beta = \gamma = 70°}$$

Mögliche Lösung:

Zeichne die Seite $\overline{BC} = 4$ cm. Trage in B den Winkel $\beta = 70°$ an. Trage in C den Winkel $\gamma = 70°$ an. Die beiden Schenkel schneiden sich in A.

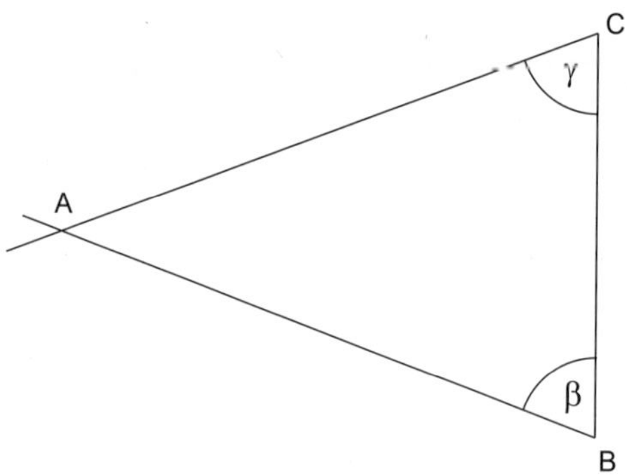

$u = 2 \cdot 5{,}9\text{ cm} + 4\text{ cm}$
u = 15,8 cm

5. Lies aus dem Säulendiagramm ab, wie viel Prozent der Schülerinnen und Schüler in ihrer Freizeit am liebsten Computerspiele spielen.
Berechne dann den Prozentwert mit der Prozentformel oder mit dem Dreisatz. Der Grundwert sind alle 120 befragten Schülerinnen und Schüler.

$$P = \frac{G \cdot p}{100}$$

$$P = \frac{120 \cdot 60}{100}$$

P = 72

oder:

$$
\begin{aligned}
:10 \left(\;\; 100\,\% &\mathrel{\hat{=}} 120 \;\; \right) :10 \\
\cdot 6 \left(\;\; 10\,\% &\mathrel{\hat{=}} 12 \;\; \right) \cdot 6 \\
60\,\% &\mathrel{\hat{=}} \mathbf{72}
\end{aligned}
$$

72 Schülerinnen und Schüler spielen in ihrer Freizeit am liebsten Computerspiele.

Um Eriks Aussage zu überprüfen, musst du dir die zweite und die vierte Säule des Diagramms genau ansehen. Achte dabei auch auf die Einteilung der y-Achse.

Erik hat **nicht recht**, Computerspiele sind mit 60 % **nicht doppelt** so beliebt wie das Hören von Musik mit 40 %. Da die y-Achse des Säulendiagramms jedoch nicht bei Null beginnt, sondern mit 20 % startet, ist die Säule der Computerspiele doppelt so hoch wie die Musiksäule.

Teil B – Wahlteil

1. a) Damit du die Kosten für den Hausbau, die Baunebenkosten sowie die Gesamtkosten berechnen kannst, musst du zuerst die prozentualen Kosten für das Grundstück ermitteln. Das gesamte Kreisdiagramm entspricht 100 %.

Prozentuale Kosten für das Grundstück:
$100\,\% - 59\,\% - 9\,\% = 32\,\%$

Berechne nun die fehlenden Kosten über den Dreisatz.

Kosten für den Hausbau, Baunebenkosten, Gesamtkosten:

$$
\begin{aligned}
32\,\% &\mathrel{\hat{=}} 178\,000\text{ €} \\
1\,\% &\mathrel{\hat{=}} 178\,000\text{ €} : 32 = 5\,562{,}50\text{ €} \\
59\,\% &\mathrel{\hat{=}} 5\,562{,}50\text{ €} \cdot 59 = \mathbf{328\,187{,}50\text{ €}} \\
9\,\% &\mathrel{\hat{=}} 5\,562{,}50\text{ €} \cdot 9 = \mathbf{50\,062{,}50\text{ €}} \\
100\,\% &\mathrel{\hat{=}} 5\,562{,}50\text{ €} \cdot 100 = \mathbf{556\,250\text{ €}}
\end{aligned}
$$

oder:

Du kannst aber auch mit der Prozentformel rechnen und zunächst den Grundwert (Gesamtkosten) berechnen und dann die Kosten für den Hausbau und die Baunebenkosten.

Gesamtkosten:

$$G = \frac{P \cdot 100}{p}$$

$$G = \frac{178\,000\text{ €} \cdot 100}{32}$$

G = 556 250 €

Kosten für den Hausbau:

$$P = \frac{G \cdot p}{100}$$

$$P = \frac{556\,250\text{ €} \cdot 59}{100}$$

P = 328 187,50 €

Baunebenkosten:

$$P - \frac{G \cdot p}{100}$$

$$P = \frac{556\,250\text{ €} \cdot 9}{100}$$

P = 50 062,50 €

Die Kosten für den Hausbau betragen 328 187,50 €, die Baunebenkosten sind 50 062,50 € hoch und die Gesamtkosten belaufen sich auf 556 250 €.

b) Rechne mit der Monatszinsformel. Das Kapital ist gesucht.

Darlehenssumme:

Z = 475 €; p % = 2,00 %; t = 1 Monat

$$K = \frac{Z \cdot 100 \cdot 12}{p \cdot t}$$

$$K = \frac{475\text{ €} \cdot 100 \cdot 12}{2 \cdot 1}$$

K = 285 000 €

oder:

Du kannst auch schrittweise rechnen. Berechne zuerst die Jahreszinsen und verwende dann die Jahreszinsformel oder den Dreisatz.

Jahreszinsen:

475 € · 12 = 5 700 €

Darlehenssumme:

$$K = \frac{Z \cdot 100}{p}$$

$$K = \frac{5\,700\,€ \cdot 100}{2}$$

K = 285 000 €

oder:

$$\begin{array}{rrcl} :2 & 2\,\% & \hat{=} & 5\,700\,€ & :2 \\ \cdot 100 & 1\,\% & \hat{=} & 2\,850\,€ & \cdot 100 \\ & 100\,\% & \hat{=} & \mathbf{285\,000\,€} & \end{array}$$

Die Darlehenssumme beträgt 285 000 €.

2. a) Berechne, wie viele Meter der Baum in 5 bzw. 10 Jahren wächst und addiere das Ergebnis zur Anfangshöhe des Laubbaumes.
Beachte: 60 cm = 0,60 m.

$1{,}50\text{ m} + 5 \cdot 0{,}60\text{ m} = 1{,}50\text{ m} + 3{,}00\text{ m} = 4{,}50\text{ m}$
$1{,}50\text{ m} + 10 \cdot 0{,}60\text{ m} = 1{,}50\text{ m} + 6{,}00\text{ m} = 7{,}50\text{ m}$

Jahr	0	5	10
Baumhöhe in m	1,50	**4,50**	**7,50**

Lege ein geeignetes Koordinatensystem an.
x-Achse (Jahr): 1 cm entspricht 1 Jahr.
y-Achse (Baumhöhe): 1 cm entspricht 1 m.
Trage die Punkte aus der Wertetabelle ein und verbinde sie zu einer Geraden.

Lösung siehe Teilaufgabe b

b) Die Aufgabe löst du am besten zeichnerisch. Um den Graphen für das Wachstum des Nadelbaumes zu zeichnen, benötigst du zwei Punkte, die du verbinden kannst. Markiere den ersten Punkt bei 0 Jahren und 3,00 m (Anfangshöhe des Baumes). Nach z. B. 10 Jahren ist der Baum $3{,}00\text{ m} + 10 \cdot 0{,}3\text{ m} = 6{,}00\text{ m}$ hoch. Markiere auch diesen Punkt.

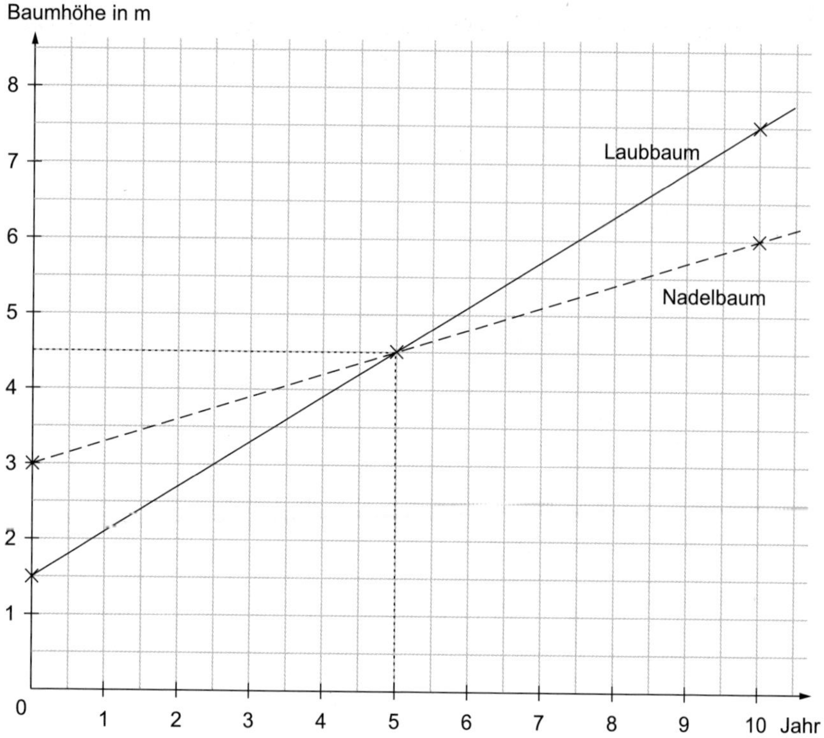

Der Schnittpunkt der Geraden von Laub- und Nadelbaum zeigt, nach wie vielen Jahren die beiden Bäume gleich hoch sind.

Der Laubbaum und der Nadelbaum sind **nach 5 Jahren** gleich hoch.

3. a) Wähle einen geeigneten Maßstab und rechne die Seitenlängen entsprechend um.

Mögliche Lösung:

Gewählter Maßstab 1 : 10

$a = c = 1{,}08 \text{ m} = 108 \text{ cm}$ (Wirklichkeit)
$\Rightarrow \; a = c = 108 \text{ cm} : 10 = 10{,}8 \text{ cm}$ (Zeichnung)

$b = 0{,}80 \text{ m} = 80 \text{ cm}$ (Wirklichkeit)
$\Rightarrow \; b = 80 \text{ cm} : 10 = 8 \text{ cm}$ (Zeichnung)

Beginne die Zeichnung der Figur mit der Dreieckseite $b = \overline{AC} = 8$ cm. Trage nach unten die beiden Schenkel des Dreiecks an. Zeichne dazu um A und C jeweils einen Kreis mit dem Radius $r = a = c = 10{,}8$ cm. Der Schnittpunkt der beiden Kreise ergibt den Punkt B des Dreiecks. Bestimme dann den Mittelpunkt M der Seite b und trage nach oben einen Halbkreis mit dem Radius $r = \frac{1}{2} \cdot b = 4$ cm an.

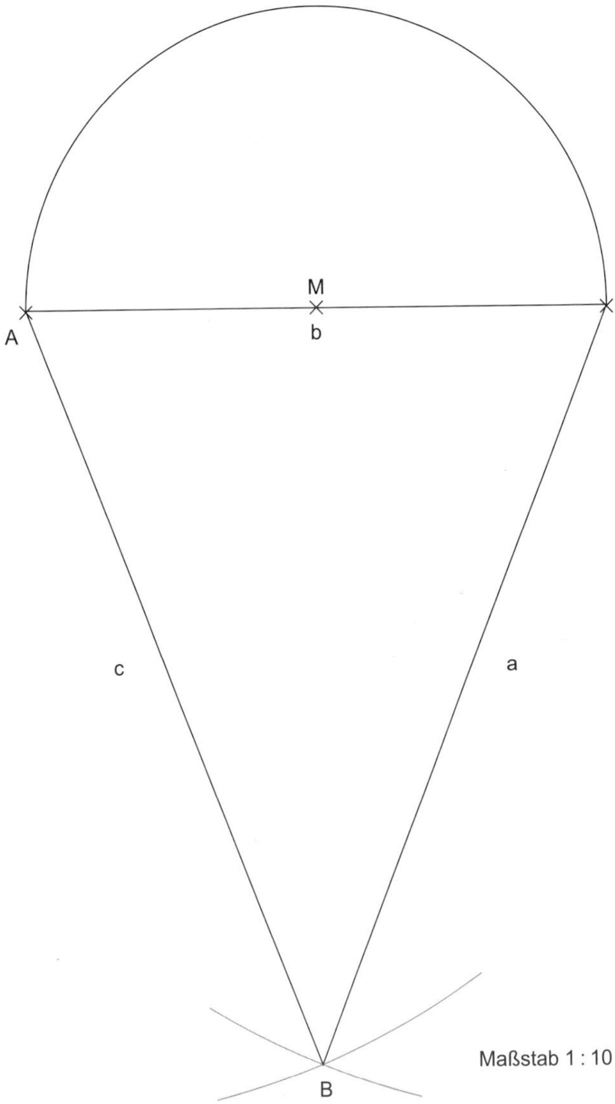

b) Die Figur setzt sich aus einem gleichschenkligen Dreieck und einem Halbkreis zusammen. Um den Flächeninhalt des Dreiecks berechnen zu können, musst du zuerst die Höhe des Dreiecks über den Satz des Pythagoras bestimmen.

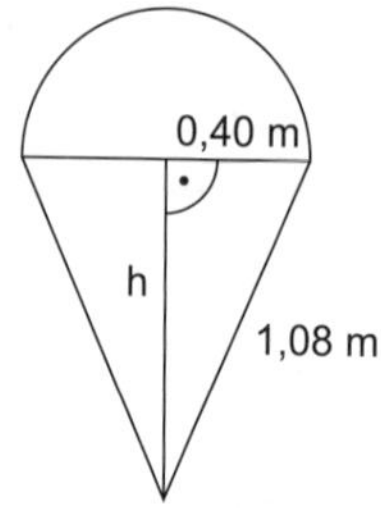

Höhe des gleichschenkligen Dreiecks:

$$h^2 + (0,40\text{ m})^2 = (1,08\text{ m})^2$$
$$h^2 + 0,16\text{ m}^2 = 1,1664\text{ m}^2 \quad | -0,16\text{ m}^2$$
$$h^2 = 1,0064\text{ m}^2 \quad | \sqrt{\ }$$
$$h \approx 1,00\text{ m}$$

Flächeninhalt des Dreiecks:
$g = 0,80\text{ m};\ h = 1,00\text{ m}$

$$A_{\text{Dreieck}} = \frac{1}{2} \cdot g \cdot h$$
$$A_{\text{Dreieck}} = \frac{1}{2} \cdot 0,80\text{ m} \cdot 1,00\text{ m}$$
$$A_{\text{Dreieck}} = 0,40\text{ m}^2$$

Flächeninhalt des Halbkreises:
$r = 0,40\text{ m}$

$$A_{\text{Halbkreis}} = \frac{1}{2} \cdot \pi \cdot r^2$$
$$A_{\text{Halbkreis}} = \frac{1}{2} \cdot \pi \cdot (0,40\text{ m})^2$$
$$A_{\text{Halbkreis}} \approx 0,25\text{ m}^2$$

Flächeninhalt der Figur:

$$A_{\text{gesamt}} = A_{\text{Dreieck}} + A_{\text{Halbkreis}}$$
$$A_{\text{gesamt}} = 0,40\text{ m}^2 + 0,25\text{ m}^2$$
$$\mathbf{A_{gesamt} = 0,65\ m^2}$$

Der Flächeninhalt der Figur beträgt 0,65 m^2.

1. 17 870 € = 17 870,00 €

$$\begin{array}{l}
17870{,}00 : 4 = 4467{,}50 \\
\underline{16} \\
\;\,18 \\
\;\,\underline{16} \\
\;\;\;\,27 \\
\;\;\;\,\underline{24} \\
\;\;\;\;\;\,30 \\
\;\;\;\;\;\,\underline{28} \\
\;\;\;\;\;\;\;\,20 \\
\;\;\;\;\;\;\;\,\underline{20} \\
\;\;\;\;\;\;\;\;\;\,00 \\
\;\;\;\;\;\;\;\;\;\,\underline{00} \\
\;\;\;\;\;\;\;\;\;\;\;\,0
\end{array}$$

Jede Person erhält **4 467,50 €**.

2. $\sqrt{40}$ ist diejenige Zahl, für die gilt $x \cdot x = x^2 = 40$.
Die zu 40 benachbarten Quadratzahlen sind $6 \cdot 6 = 36$ und $7 \cdot 7 = 49$.
36 liegt näher an 40 als 49.

☐ 4 ☒ 6 ☐ 7 ☐ 20

3. Korrekte Spiegelung der Ausgangsfigur an der Spiegelachse:

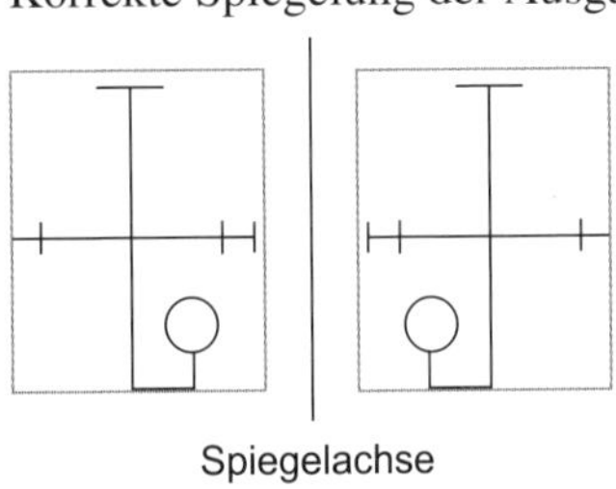

Drehe die angegebenen Figuren in Gedanken und überprüfe, ob sich alle Striche und der Kreis an der richtigen Stelle befinden.

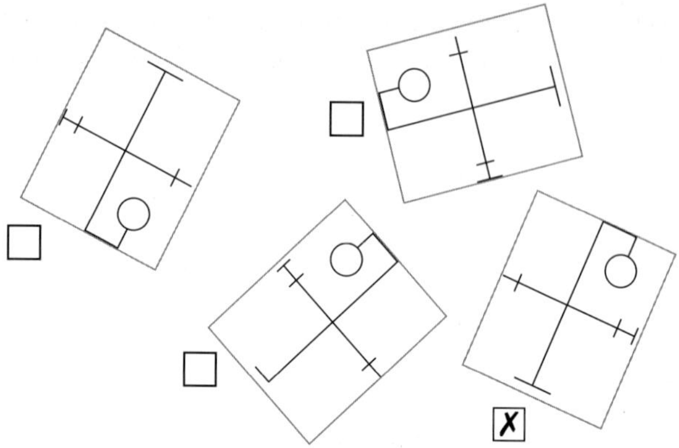

4. Die Zuordnung ist antiproportional: Je mehr Kühe, desto weniger Tage reicht der Futtervorrat bzw. je weniger Kühe, desto länger reicht er.

$10 \text{ Kühe} \mathrel{\hat{=}} 30 \text{ Tage}$

$1 \text{ Kuh} \mathrel{\hat{=}} 30 \text{ Tage} \cdot 10 = 300 \text{ Tage}$

$15 \text{ Kühe} \mathrel{\hat{=}} 300 \text{ Tage} : 15 = \mathbf{20\ Tage}$

5. Der Umfang setzt sich aus allen Seitenlängen zusammen:

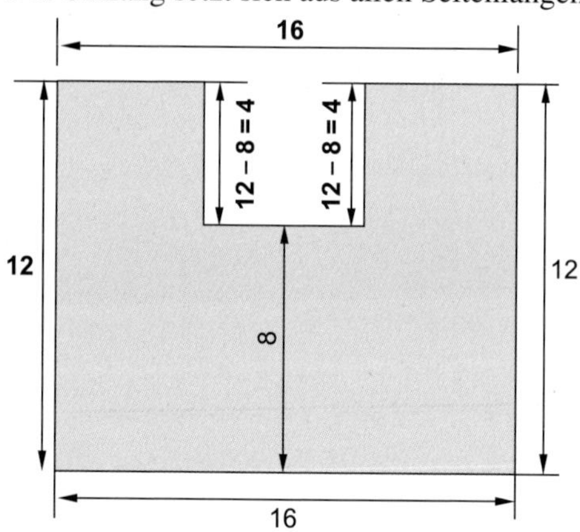

Umfang:

$u = 2 \cdot 16 \text{ cm} + 2 \cdot 12 \text{ cm} + 2 \cdot 4 \text{ cm} = 32 \text{ cm} + 24 \text{ cm} + 8 \text{ cm} = \mathbf{64\ cm}$

6. Die Katheten bilden den rechten Winkel eines rechtwinkligen Dreiecks. Zeichne einen rechten Winkel. Trage auf den Katheten 5 cm bzw. 8 cm ab. Du erhältst damit 2 Eckpunkte. Verbinde die Eckpunkte.

Mögliche Lösung:

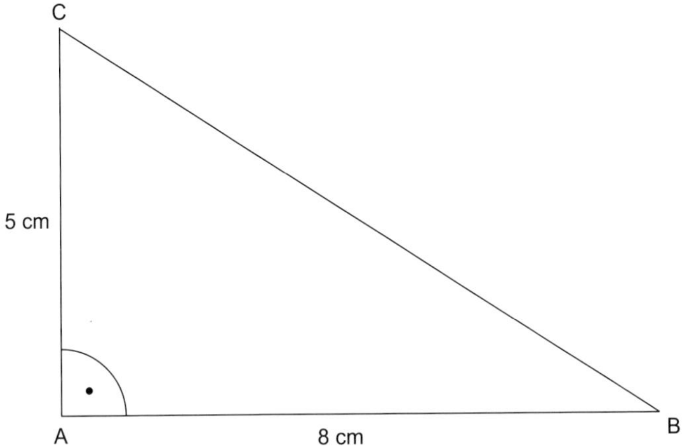

7. Für ein gleichschenkliges Trapez gilt: $\alpha = \beta$ sowie $\gamma = \delta$
Jedes Trapez kann in 2 Dreiecke zerlegt werden. Jedes Dreieck hat die Winkelsumme 180°, d.h., die Winkelsumme eines Trapezes ist $2 \cdot 180° = 360°$.

$$\underbrace{\alpha + \beta} + \underbrace{\gamma + \delta} = 360°$$
$$2 \cdot \alpha + 2 \cdot \gamma = 360°$$
$$2 \cdot 45° + 2 \cdot \gamma = 360° \quad | -2 \cdot 45°$$
$$2 \cdot \gamma = 270° \quad | :2$$
$$\mathbf{\gamma = 135°}$$

8.
$$5(x+4) = -4x + 2 + 6x \quad | \text{Klammer auflösen; zusammenfassen}$$
$$5x + 20 = 2x + 2 \quad | -2x$$
$$3x + 20 = 2 \quad | -20$$
$$3x = -18 \quad | :3$$
$$\mathbf{x = -6}$$

9. 3 Felder von 8 Feldern zeigen eine gerade Zahl.

$$P(\text{gerade Zahl}) = \mathbf{\frac{3}{8} = 0{,}375 = 37{,}5\ \%}$$

10. Für jede Gerade gilt $y = m \cdot x + b$.
m ist die Steigung der Geraden, b ist der y-Achsenabschnitt, d.h. die Stelle, an der die Gerade die y-Achse schneidet. Hier ist $m = 1$ und $b = 2$.

- ☐ $y = x - 2$
- ☐ $y = 2x$
- ☒ $y = x + 2$
- ☐ $y = 2x + 1$

Hauptschulabschlussprüfung in Baden-Württemberg
Mathematik 2018 – Wahlaufgaben

1. a) Der Airbus ist in der Zeichnung 3,6 cm lang, das Luftschiff 12,1 cm. Mithilfe der Originalgröße des Airbus kann die Länge des Luftschiffs berechnet werden.

$$3{,}6\text{ cm} \mathrel{\hat{=}} 72{,}7\text{ m}$$

$$1\text{ cm} \mathrel{\hat{=}} \frac{72{,}7}{3{,}6}\text{ m}$$

$$12{,}1\text{ cm} \mathrel{\hat{=}} \frac{72{,}7\cdot 12{,}1}{3{,}6}\text{ m} \approx 244{,}35\text{ m}$$

Das Luftschiff war etwa **244,35 m** lang.

b) Es ist $v = 115\,\frac{\text{km}}{\text{h}}$ und $s = 11\,247$ km.

Es gilt: $v = \frac{s}{t} \Rightarrow t = \frac{s}{v}$

$$t = \frac{11\,247}{115}\text{ h} = 97{,}8\text{ h} = 97\,\frac{8}{10}\text{ h}$$

$$1\text{ h} = 60\text{ min} \quad\Rightarrow\quad \frac{1}{10}\text{ h} = 6\text{ min}$$

$$97\,\frac{8}{10}\text{ h} = 97\text{ h }48\text{ min}$$

Die Flugzeit betrug **97 h 48 min**.

c) Gesamtlänge der 5 Etappen:
$8\,500\text{ km} + 11\,247\text{ km} + 9\,652\text{ km} + 4\,822\text{ km} + 8\,478\text{ km} = 42\,699\text{ km}$

Wenn ein Flugzeug die Erde in 11 km Höhe umfliegt, bewegt es sich auf einer Kreisbahn mit einem Radius von $6\,371\text{ km} + 11\text{ km} = 6\,382\text{ km}$.

Umfang des Kreises (= Flugdistanz):
$s = 2\cdot\pi\cdot r = 2\cdot\pi\cdot 6\,382\text{ km} \approx 40\,099\text{ km}$

Die 5 Etappen sind zusammen länger als der Umfang des Kreises um die Erde. Sie würden für eine Umrundung der Erde also **ausreichen**.

2. a) Für die Toilettenspülung werden 34 ℓ von 125 ℓ benötigt.

Lösung mit dem **Dreisatz**:

$125\ \ell \mathrel{\hat{=}} 100\ \%$

$1\ \ell \mathrel{\hat{=}} 100\ \% : 125 = 0{,}8\ \%$

$34\ \ell \mathrel{\hat{=}} 0{,}8\ \% \cdot 34 = 27{,}2\ \%$

Lösung mit der **Formel**:

$$P = \frac{G \cdot p}{100} \Rightarrow p\ \% = \frac{P \cdot 100}{G}\ \% = \frac{34 \cdot 100}{125}\ \% = 27{,}2\ \%$$

Der Wasserverbrauch für die Toilettenspülung beträgt **27,2 %**.

b) Berechne zunächst, wie viel Wasser noch in den großen Quader passt.
Volumen eines Quaders: $V = a \cdot b \cdot c$

Fassungsvermögen des großen Quaders:

$V_{\text{groß}} = 8\ \text{cm} \cdot 10\ \text{cm} \cdot 8\ \text{cm} = 640\ \text{cm}^3$

Darin befinden sich bereits $8\ \text{cm} \cdot 10\ \text{cm} \cdot 6\ \text{cm} = 480\ \text{cm}^3$ Wasser.

Es können also noch $640\ \text{cm}^3 - 480\ \text{cm}^3 = 160\ \text{cm}^3$ eingefüllt werden.

Alternativ:
In den großen Quader passen noch $2\ \text{cm} \cdot 8\ \text{cm} \cdot 10\ \text{cm} = 160\ \text{cm}^3$ Wasser.

Fassungsvermögen des kleinen Quaders:

$V_{\text{klein}} = 6\ \text{cm} \cdot 6\ \text{cm} \cdot 4\ \text{cm} = 144\ \text{cm}^3$

Das Wasser des kleinen Quaders **passt** noch in den großen Quader.

c) In 90 min tropfen $(4{,}4\ \ell - 2\ \ell)$ Wasser $= 2{,}4\ \ell$ Wasser in den Eimer.
Bis der Eimer voll ist, können ab 10 Uhr noch $10\ \ell - 2\ \ell = 8\ \ell$ in den Eimer tropfen.

– Füllzeit für 8 ℓ:

$2{,}4\ \ell \mathrel{\hat{=}} 90\ \text{min}$

$1\ \ell \mathrel{\hat{=}} 90\ \text{min} : 2{,}4 = 37{,}5\ \text{min}$

$8\ \ell \mathrel{\hat{=}} 37{,}5\ \text{min} \cdot 8 = 300\ \text{min} = 5\ \text{h}$

Der Eimer ist 5 Stunden nach 10 Uhr, also um **15 Uhr**, gefüllt.

– Füllzeit für 2 ℓ:

$2\ \ell \mathrel{\hat{=}} 37{,}5\ \text{min} \cdot 2 = 75\ \text{min} = 1\ \text{h}\ 15\ \text{min}$

Der Eimer wurde 1 Stunde und 15 Minuten vor 10 Uhr, also um **8:45 Uhr**, unter den Wasserhahn gestellt.

3. a) Volumen eines Quaders: $V = a \cdot b \cdot c$

$V = 15\text{ m} \cdot 10\text{ m} \cdot 2{,}50\text{ m} = 375\text{ m}^3$

Es sind (375 : 7) Fuhren ≈ 53,6 Fuhren, d. h. mindestens **54 Fuhren**, nötig.

b) Berechnung der **Jahreszinsen**:

$100\ \% \triangleq 200\,000\ €$

$1\ \% \triangleq 200\,000\ € : 100 = 2\,000\ €$

$0{,}96\ \% \triangleq 2\,000\ € \cdot 0{,}96 = 1\,920\ €$

Berechnung der **Monatszinsen**:
In 1 Monat sind $1920\ € : 12 = 160\ €$ Zinsen fällig.

Berechnung mit der **Formel**:
(Z = Zinsen, K = Kapital, p % = Prozentsatz, m = Zeit in Monaten)

$$Z = \frac{K \cdot p \cdot m}{100 \cdot 12} = \frac{200\,000 \cdot 0{,}96 \cdot 1}{100 \cdot 12}\ € = 160\ €$$

Im ersten Monat müssen **160 € Zinsen** bezahlt werden.

c) Die Dachfläche setzt sich aus 2 Rechtecken mit der Länge $\ell = 10{,}20$ m und der Breite a zusammen.

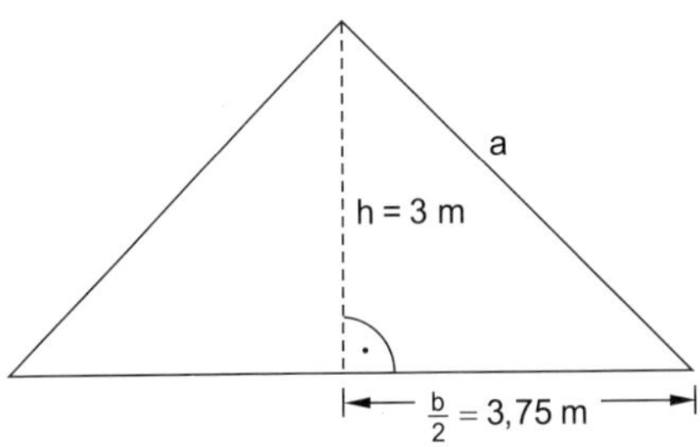

(Skizze ohne Maßstab)

Nach dem Satz des Pythagoras ist:

$$a^2 = h^2 + \left(\frac{b}{2}\right)^2 \Rightarrow a = \sqrt{h^2 + \left(\frac{b}{2}\right)^2} = \sqrt{3^2 + 3{,}75^2}\text{ m} \approx 4{,}80\text{ m}$$

Zu deckende Fläche:
$A = 2 \cdot 4{,}80\text{ m} \cdot 10{,}20\text{ m} = 97{,}92\text{ m}^2 \approx \mathbf{98\ m^2}$

4. a) Anzahl der 5-€-Banknoten:
$8{,}30 \text{ Mrd.} : 5 = 1{,}66 \text{ Mrd.}$

Es waren **1,66 Mrd. = 1 660 Mio.** 5-€-Banknoten im Umlauf.

Wert der 50-€-Banknoten:
$7\,165 \text{ Mio. €} \cdot 50 = 358\,250 \text{ Mio. €} = \mathbf{358{,}25 \text{ Mrd. €}}$

b)
$$
\begin{aligned}
10000 \text{ Einwohner} &\mathrel{\hat{=}} 12 \text{ Geldscheine} \\
1000 \text{ Einwohner} &\mathrel{\hat{=}} (12:10) \text{ Geldscheine} = 1{,}2 \text{ Geldscheine} \\
316000 \text{ Einwohner} &\mathrel{\hat{=}} (1{,}2 \cdot 316) \text{ Geldscheine} \approx 379 \text{ Geldscheine}
\end{aligned}
$$

In Mannheim sind durchschnittlich **379 gefälschte Geldscheine** im Umlauf.

c) Die Umrechnungszahl bei Flächen ist 100.

Fläche eines 50-€-Scheins:
$A = a \cdot b = 140 \text{ mm} \cdot 77 \text{ mm} = 10\,780 \text{ mm}^2 = 107{,}8 \text{ cm}^2$

$$
\begin{aligned}
1 \text{ km}^2 &= 1000 \text{ m} \cdot 1000 \text{ m} = 1000000 \text{ m}^2 \\
&= 100000000 \text{ dm}^2 = 10000000000 \text{ cm}^2
\end{aligned}
$$

Fläche von 5,4 Mrd. Scheinen:
$$
\begin{aligned}
A &= 107{,}8 \text{ cm}^2 \cdot 5{,}4 \text{ Mrd.} = 582{,}12 \text{ Mrd. cm}^2 \\
&= 582\,120\,000\,000 \text{ cm}^2 = 58{,}212 \text{ km}^2
\end{aligned}
$$

Die Fläche von Weinheim beträgt **58,212 km²**.

Hauptschulabschlussprüfung in Baden-Württemberg
Mathematik 2019 – Grundkenntnisse

1. Runde jeweils die Dezimalzahl und multipliziere dann:

$19{,}7 \cdot 5 \approx 20 \cdot 5 = 100$ $9 \cdot 12{,}2 \approx 9 \cdot 12 = 108$

$15{,}3 \cdot 6 \approx 15 \cdot 6 = 90$ $7 \cdot 13{,}8 \approx 7 \cdot 14 = 98$

☐ $19{,}7 \cdot 5$ ☒ $9 \cdot 12{,}2$ ☐ $15{,}3 \cdot 6$ ☐ $7 \cdot 13{,}8$

2. a) $\sqrt{49} = 7$

$\sqrt{50} \approx 7{,}1$

Probe:

$$\begin{array}{r} 71 \cdot 71 \\ \hline 497 \\ 71 \\ \hline 5041 \end{array}$$

$7{,}1 \cdot 7{,}1 = 50{,}41 \approx 50$

b)

$$\begin{array}{r} 31 \cdot 31 \\ \hline 93 \\ 31 \\ \hline 961 \end{array}$$

$\Rightarrow 3{,}1 \cdot 3{,}1 = 9{,}61 \approx 9{,}6$

3. Die Anfangstemperatur ist –2° C.

$-2°\,C + 8°\,C = 6°\,C$

Das Thermometer zeigt nach dem Temperaturanstieg **6° C**.

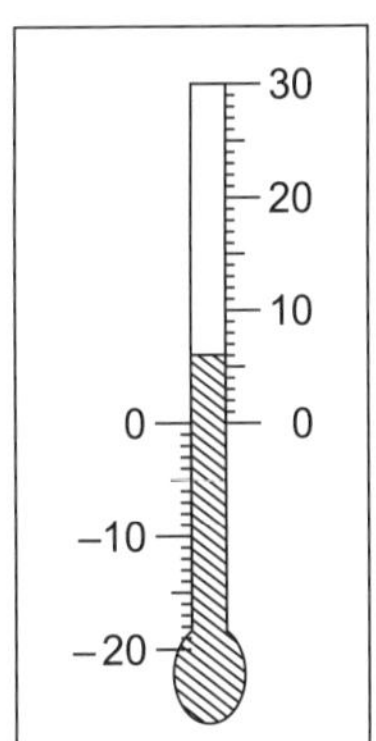

4. Das Rechteck besteht aus 40 Quadraten.

$\frac{1}{4}$ von 40 Quadraten = 10 Quadrate

$\frac{1}{5}$ von 10 Quadraten = **2 Quadrate**

Am einfachsten ist es, wenn du eine der vier Reihen des Rechtecks schraffierst. Male dann 2 der 10 schraffierten Quadrate an. Es ist egal, welche du wählst.

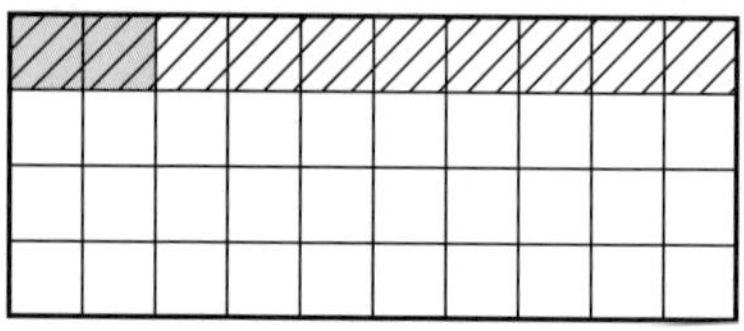

5. 140 Plätze von 350 Plätzen $= \frac{140}{350} = \frac{14}{35} = \frac{2}{5} = \frac{40}{100} = 40\ \%$

40 % der Plätze sind noch frei.

6. Nebenwinkel ergänzen sich zu 180°.

$$\alpha + 3\alpha = 180°$$
$$4\alpha = 180°$$
$$\alpha = \frac{1}{4} \text{ von } 180° = \mathbf{45°}$$

7.

$$10x + 10 - 4x = 4 + 4x + 2 \quad | \text{ zusammenfassen}$$
$$6x + 10 = 4x + 6 \quad | -4x - 10$$
$$2x = -4 \quad | :2$$
$$\mathbf{x = -2}$$

8.

untere Ebene:	49 Würfel	$(7 \cdot 7$ Würfel)
darüber:	25 Würfel	$(5 \cdot 5$ Würfel)
darüber:	9 Würfel	$(3 \cdot 3$ Würfel)
darüber:	1 Würfel	
Summe:	84 Würfel	

Die Figur besteht aus **84 Würfeln**.

9. Dreieck ($c = 6$ cm, $h_c = 4$ cm):

$$A = \frac{c \cdot h_c}{2} = \frac{6 \cdot 4}{2}\ \text{cm}^2 = 12\ \text{cm}^2$$

Kreis ($r = 2$ cm):

$$A = \pi \cdot r^2 \approx 3{,}14 \cdot 2^2\ \text{cm}^2 = 3{,}14 \cdot 4\ \text{cm}^2 = 12{,}56\ \text{cm}^2$$

Der **Kreis** hat den größeren Flächeninhalt.

10. Es sind 3 Kreise, 3 Dreiecke und 2 Quadrate, also zusammen 8 Figuren.

Aussage 1: 50 % der Figuren sind 4 Figuren. Es sind aber nur 3 Kreise.
Aussage 2: Es sind genauso viele Kreise wie Dreiecke. Also sind die Wahrscheinlichkeiten gleich groß.
Aussage 3: Um eine Wahrscheinlichkeit von 100 % zu haben, dürften nur Dreiecke vorhanden sein.
Aussage 4: $\frac{1}{4}$ von 8 Figuren sind 2 Figuren. Es sind 2 Quadrate.

	richtig	**falsch**
Die Wahrscheinlichkeit, einen Kreis zu ziehen, liegt bei 50 %.	☐	☒
Die Wahrscheinlichkeit, einen Kreis zu ziehen, ist genauso groß, wie die Wahrscheinlichkeit, ein Dreieck zu ziehen.	☒	☐
Die Wahrscheinlichkeit, ein Dreieck zu ziehen, liegt bei 100 %.	☐	☒
Die Chance, ein Quadrat zu ziehen, liegt bei $\frac{1}{4}$.	☒	☐

1. Mathematikprüfung

a) – $\text{Durchschnitt} = \frac{\text{1. Arbeit} + \ldots + \text{5. Arbeit}}{5} = \frac{2,1 + 2,9 + 2,5 + 2,0 + 3,0}{5}$

$= \frac{12,5}{5} = \mathbf{2,5}$

– Bei 6 Arbeiten und einem Durchschnitt von 2,4 wäre die Summe der Einzelnoten $6 \cdot 2,4 = 14,4$.

Natalia müsste eine Arbeit mit der Note $14,4 - 12,5 = \mathbf{1,9}$ schreiben.

b) Flächeninhalt des Kastens mit der Grußbotschaft:

Miss zunächst Länge und Breite des Kastens.

$a = 74\text{ mm}, b = 52\text{ mm}$

$A_{\text{Kasten}} = 74\text{ mm} \cdot 52\text{ mm} = 3\,848\text{ mm}^2$

Flächeninhalt eines DIN-A-4-Blattes:

$A_{\text{Blatt}} = 210\text{ mm} \cdot 297\text{ mm} = 62\,370\text{ mm}^2$

Verhältnis Kasten – DIN-A-4-Blatt:

$3\,848\text{ mm}^2 \text{ von } 62\,370\text{ mm}^2 = \frac{3\,848}{62\,370} \approx 0,062 = \frac{6,2}{100} = 6,2\ \%$

Der Kasten mit der Grußbotschaft deckt etwa **6,2 %** ab.

c) $2 \cdot 10^{-2}\text{ cm} = \frac{2}{100}\text{ cm} = 0,02\text{ cm}$

Höhe des Stapels bei 8 Blättern und 20 000 Schülerinnen und Schülern:
$h = 0,02\text{ cm} \cdot 8 \cdot 20\,000 = 3\,200\text{ cm} = 32\text{ m}$

$32\text{ m} < 56\text{ m}$

Der Stapel ist **nicht so hoch** wie der Bahnhofsturm.

2. Ausflüge in Baden-Württemberg

a) – 4-mal **mehr** als 1,3 Mio. Besucher = (1,3 + 4 · 1,3) Mio. Besucher
= 6,5 Mio. Besucher ≠ 5,6 Mio. Besucher

Die Behauptung ist **falsch**.

– Vergleich Wilhelma – Mainau:
(1,3 – 1,27) Mio. Besucher = 0,03 Mio. Besucher
= 0,03 · 1 000 000 Besucher = 30 000 Besucher

Die Wilhelma hatte **30 000 Besucher mehr**.

b) Besucher im Jahr 2017:
101,8 % von 5,6 Mio. Menschen
= 5,6 Mio. Menschen · 101,8 %
= 5 600 000 Menschen · 1,018
= 5 700 800 Menschen

Davon aus Frankreich:

$5\,700\,800 \text{ Menschen} \cdot \frac{1}{4} = 1\,425\,200 \text{ Menschen}$

2017 kamen **1 425 200 Besucher** aus Frankreich.

c) Zerlege die Gesamtfläche in berechenbare Teilflächen.
Mögliche Lösung:
Die Insel lässt sich in 3 annähernd rechteckige Teilflächen zerlegen.

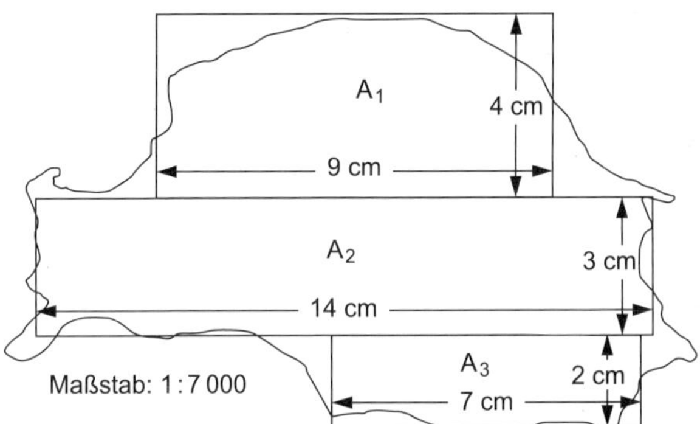

Hinweis: Aus Darstellungsgründen wurde die Abbildung der Insel Mainau aus der Prüfungsaufgabe hier in den Lösungen um 50 % verkleinert. D. h., der Maßstab beträgt in der Abbildung oben eigentlich 1 : 14 000 und die Längen sind um die Hälfte kürzer als angegeben.

Achte auf den Maßstab und berechne die wirklichen Längen.
Maßstab 1 : 7 000 bedeutet:
$1\ \text{cm} \mathrel{\hat{=}} 7\,000\ \text{cm}$
$1\ \text{cm} \mathrel{\hat{=}} 70\ \text{m}$

$a_1 = 9 \cdot 70\ \text{m} = 630\ \text{m}$
$b_1 = 4 \cdot 70\ \text{m} = 280\ \text{m}$
$A_1 = 630\ \text{m} \cdot 280\ \text{m} = 176\,400\ \text{m}^2$

$a_2 = 14 \cdot 70\ \text{m} = 980\ \text{m}$
$b_2 = 3 \cdot 70\ \text{m} = 210\ \text{m}$
$A_2 = 980\ \text{m} \cdot 210\ \text{m} = 205\,800\ \text{m}^2$

$a_3 = 7 \cdot 70\ \text{m} = 490\ \text{m}$
$b_3 = 2 \cdot 70\ \text{m} = 140\ \text{m}$
$A_3 = 490\ \text{m} \cdot 140\ \text{m} = 68\,600\ \text{m}^2$

$A_{\text{Insel}} = A_1 + A_2 + A_3 = 176\,400\ \text{m}^2 + 205\,800\ \text{m}^2 + 68\,600\ \text{m}^2$
$\quad = 450\,800\ \text{m}^2 \approx 450\,000\ \text{m}^2$

Der Flächeninhalt der Insel Mainau beträgt rund **450 000 m²**.

3. Plastiktüten

a) An der senkrechten Achse sieht man, dass 5 mm Säule 1 Mrd. Plastiktüten entsprechen.

1,9 Mrd. Plastiktüten entsprechen $1{,}9 \cdot 5\ \text{mm} = 9{,}5\ \text{mm}$.
D. h., die Säule für 2016 ist um 9,5 mm kürzer als die für 2015.
Sie ist $27{,}5\ \text{mm} - 9{,}5\ \text{mm} =$ **18 mm** hoch.

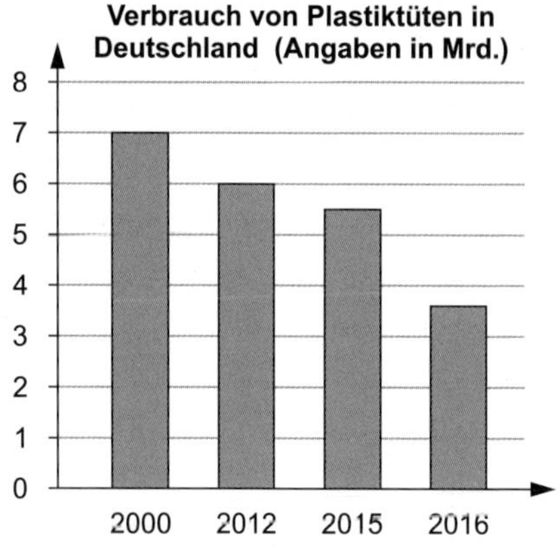

b) Volumen des Mülleimers:
$V = a \cdot b \cdot c = 22\ \text{cm} \cdot 30\ \text{cm} \cdot 30\ \text{cm} = 19\,800\ \text{cm}^3 = 19{,}8\ \text{dm}^3 = 19{,}8\ \ell$

Der **20-Liter-Müllbeutel** passt am besten.

c) Flächeninhalt einer Plastiktüte:
$A = 30\ \text{cm} \cdot 50\ \text{cm} = 1\,500\ \text{cm}^2 = 15\ \text{dm}^2 = 0{,}15\ \text{m}^2$

Flächeninhalt von 2,4 Mrd. Tüten:
$A = 0{,}15\ \text{m}^2 \cdot 2{,}4\ \text{Mrd.} = 0{,}36\ \text{Mrd. m}^2 = 0{,}36 \cdot 1\,000\,000\,000\ \text{m}^2$
$= 360\,000\,000\ \text{m}^2 = 3\,600\,000\ \text{a} = 36\,000\ \text{ha} = 360\ \text{km}^2$

$360\ \text{km}^2 < 536\ \text{km}^2$

Die Behauptung ist **falsch**, die Fläche des Bodensees kann nicht bedeckt werden.

4. Eishockey

a) Radius des Pucks:
$r = 7{,}62\ \text{cm} : 2 = 3{,}81\ \text{cm}$

Volumen des Pucks:
$V = \pi \cdot r^2 \cdot h = \pi \cdot 3{,}81^2\ \text{cm}^2 \cdot 2{,}54\ \text{cm} \approx \mathbf{115{,}83\ cm^3}$

b)

	Siege	Siege nach Verlängerung	Niederlagen nach Verlängerung	Niederlagen	Punkte
München	30 · 3	+ 6 · 2	+ 5 · 1	+ 11 · 0	= **107**
Berlin	29 · 3	+ 4 · 2	+ 6 · 1	+ 13 · 0	= **101**
Nürnberg	25 · 3	+ 10 · 2	+ 5 · 1	+ 12 · 0	= **100**
Ingolstadt	20 · 3	+ 6 · 2	+ 7 · 1	+ 19 · 0	= **79**
Mannheim	21 · 3	+ 6 · 2	+ 3 · 1	+ 22 · 0	= **78**

Es genügt, wenn du die Punkte von 2 Eishockeyteams berechnest.

c) Der Puck erreicht das Tor in einer Höhe von
$1\,220\ \text{mm} - 70\ \text{mm} = 1\,150\ \text{mm} = 1{,}15\ \text{m}$.

Nach dem Satz des Pythagoras gilt:

Entfernung vom Tor $= \sqrt{6{,}60^2 - 1{,}15^2}\ \text{m} \approx 6{,}50\ \text{m}$

Der Puck liegt ca. **6,50 m** vom Tor entfernt.

Hauptschulabschlussprüfung in Baden-Württemberg
Mathematik 2020

Teil A 1 – Pflichtteil (hilfsmittelfrei)

1. „Zum Doppelten“ $\Rightarrow$ **2 ·**
„Addieren“ $\Rightarrow$ **+**

☐ $2+4x$ ☐ $x+2+4$ ☒ $2x+4$ ☐ $2x+4x$

2. „Übersetze“ die Brüche in Dezimalzahlen:
$\frac{1}{3}=0,\overline{3}$ $\frac{3}{4}=0,75$
Du kannst jede Zahl zwischen $0,\overline{3}$ und 0,75 angeben.

Mögliche Lösung:
0,35 und **0,6**

Alternativ:

Wähle Brüche zwischen den beiden Zahlen. Sie müssen größer als $\frac{1}{3}$ und kleiner als $\frac{3}{4}$ sein.

Mögliche Lösung:
$\mathbf{\frac{2}{3}}$ und $\mathbf{\frac{1}{2}}$

3. Überprüfe durch einen Überschlag, ob dein Ergebnis stimmt.
Es gibt mehrere Möglichkeiten. Wichtig ist, dass beide Zahlen zusammen 3 Stellen hinter dem Komma haben.

Mögliche Lösung:
1,54 · 71,5

Überschlag: $1{,}5 \cdot 70 = 105$
Das genaue Ergebnis muss etwas größer sein, weil du beide Zahlen abgerundet hast. Es liegt zwischen 110 und 120.

4. Der Rabatt beträgt 90,00 € – 67,50 € = 22,50 €.
90,00 € entsprechen 100 %.
9 € entsprechen 10 %.
4,50 € entsprechen 5 %.
22,50 € entsprechen also 25 %.

Der Preis wurde um **25 %** reduziert.

5. Berechne den Umfang des gleichseitigen Dreiecks: $3\text{ cm} \cdot 3 = 9\text{ cm}$
Für den Umfang eines Rechtecks gilt: $u = 2(a + b)$
Finde 2 Werte, die addiert 4,5 cm ergeben.

Mögliche Lösung:

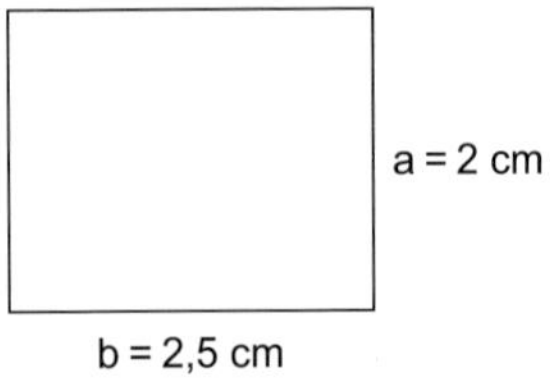

Es sind viele andere Lösungen möglich.
Addiere zur Kontrolle die Längen der 4 gezeichneten Seiten deines Vierecks.

6. Teile den Körper in bekannte Teilkörper. Berechne beispielsweise zunächst das Volumen des ganzen Würfels. Subtrahiere den fehlenden Teil.

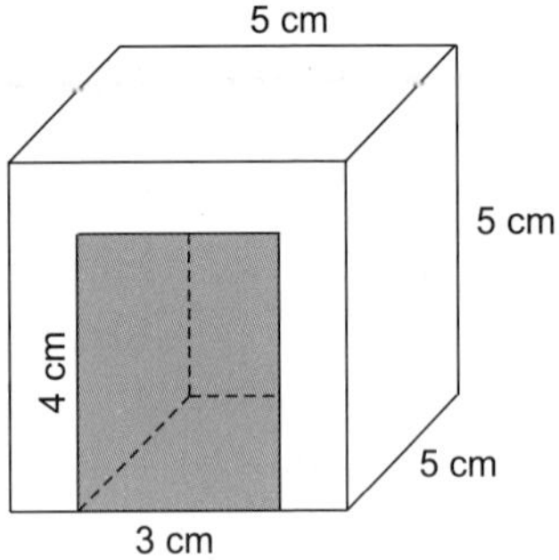

ganzer Würfel:
$V_W = 5\text{ cm} \cdot 5\text{ cm} \cdot 5\text{ cm} = 125\text{ cm}^3$

fehlender Quader:
$V_Q = 3\text{ cm} \cdot 4\text{ cm} \cdot 5\text{ cm} = 60\text{ cm}^3$

Restkörper:
$V = V_W - V_Q$
$V = 125\text{ cm}^3 - 60\text{ cm}^3 = 65\text{ cm}^3$

Das Volumen des Körpers beträgt **65 cm³**.

7. Die relative Häufigkeit berechnet sich jeweils, indem man die Anzahl der Schülerinnen und Schüler mit Hund durch die Gesamtanzahl der Schülerinnen und Schüler in der Klasse dividiert.

relative Häufigkeit in Klasse 9a:

$$\frac{6}{30} = \frac{1}{5} = 0{,}2 = 20\ \%$$

relative Häufigkeit in Klasse 9b:

$$\frac{5}{20} = \frac{1}{4} = 0{,}25 = 25\ \%$$

In **Klasse 9b** ist die relative Häufigkeit, dass eine Schülerin/ein Schüler einen Hund besitzt, größer.

8. Tom:
hintere Reihe: 6 Würfel
mittlere Reihe: 5 Würfel
vordere Reihe: 3 Würfel
6 Würfel + 5 Würfel + 3 Würfel = 14 Würfel

Tom: **14** Würfel

Lisa:
hintere Reihe: 7 Würfel
mittlere Reihe: 7 Würfel
vordere Reihe: 4 Würfel
7 Würfel + 7 Würfel + 4 Würfel = 18 Würfel

Lisa: **18** Würfel

9. Berechne zuerst die Anzahl der Reisenden. Verteile dann die Reisenden auf die Boote mit je 12 Sitzplätzen.

2 Busse zu je 48 Sitzplätzen:
$2 \cdot 48 = 96$
Insgesamt werden also 96 Reisende auf die Boote verteilt.

Boote mit 12 Sitzplätzen:
$96 : 12 = 8$

Es werden mindestens **8 Boote** benötigt.

10. Lies die einzelnen Werte in der Grafik ab. Beachte die Skalierung und die Beschriftung der Achsen.

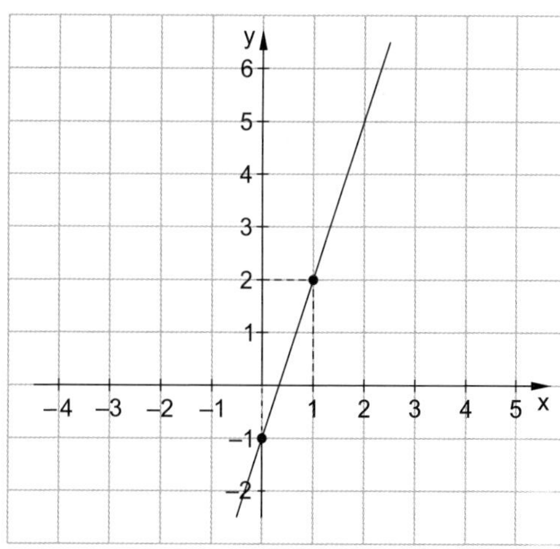

Wertetabelle:

x	–2	0	**1**	3
y	–7	**–1**	2	8

Teil A 2 – Pflichtteil

1. Miss die Höhe der Löwin am gegebenen Pfeil.
Der Maßstab 1 : 40 bedeutet, dass 1 cm in Wirklichkeit 40 cm entspricht.
Multipliziere deine gemessene Höhe daher mit 40.

$2{,}9\ \text{cm} \cdot 40 = 116\ \text{cm}$

Die Löwin ist in Wirklichkeit **116 cm** hoch.

2.
- Berechne zuerst, wie viel die Fußballbekleidung in Geschäft A ohne Preisnachlass kostet. Ziehe davon 25 % Rabatt ab.

  $80\ € + 40\ € + 20\ € = 140\ €$

  Lösung mit dem **Dreisatz**:

  $100\ \% \mathrel{\hat{=}} 140\ €$
  $1\ \% \mathrel{\hat{=}} 1{,}40\ €$
  $25\ \% \mathrel{\hat{=}} 35\ €$

  $140\ € - 35\ € = 105\ €$

  Lösung mit der **Formel**:

  $$P = \frac{G \cdot p}{100}$$

  $$P = \frac{140\ € \cdot 25}{100}$$

  $P = 35\ €$

  $140\ € - 35\ € = 105\ €$

  In Geschäft A kostet die Fußballbekleidung 105 €.

  Geschäft B:
  $60\ € + 25\ € + 15\ € = 100\ €$

  In **Geschäft B** muss Tim weniger bezahlen.

- Berechne zuerst den ursprünglichen Preis in Geschäft B.

  $80\ € + 40\ € + 20\ € = 140\ €$

  Lösung mit dem **Dreisatz**:

  $140\ € \mathrel{\hat{=}} 100\ \%$
  $1\ € \mathrel{\hat{=}} 100\ \% : 140$
  $100\ € \mathrel{\hat{=}} 100\ \% : 140 \cdot 100 \approx 71{,}4\ \%$
  $100\ \% - 71{,}4\ \% = 28{,}6\ \%$

Lösung mit der **Formel**:

$$p\,\% = \frac{P \cdot 100}{G}\,\%$$

$$p\,\% = \frac{100\,€ \cdot 100}{140\,€}\,\%$$

$$p\,\% \approx 71,4\,\%$$

$$100\,\% - 71,4\,\% = 28,6\,\%$$

Er hat **28,6 %** gespart.

3. Berechne zuerst, welche Strecke die ISS bei einer Umdrehung um die Erde zurücklegt. Dazu musst du den Umfang des Kreises berechnen, dessen Radius sich aus dem Radius der Erde und der Flughöhe der ISS zusammensetzt.

$$r_{ISS} = r_{Erde} + h_{ISS} = 6\,371\text{ km} + 365\text{ km} = 6\,736\text{ km}$$

$$u_{ISS} = 2 \cdot \pi \cdot r_{ISS}$$
$$u_{ISS} = 2 \cdot \pi \cdot 6\,736\text{ km}$$
$$u_{ISS} = 42\,323,5\text{ km}$$

Eine Umdrehung dauert 91 Minuten.

Geschwindigkeit der ISS:

$$91\text{ min} \mathrel{\hat{=}} 42\,323,5\text{ km}$$
$$1\text{ min} \mathrel{\hat{=}} 42\,323,5\text{ km} : 91$$
$$60\text{ min} \mathrel{\hat{=}} 42\,323,5\text{ km} : 91 \cdot 60 \approx 27\,906\text{ km}$$

Die ISS legt in 60 Minuten **27 906 km** zurück.

4. Die Länge eines Seils wird mit dem Satz des Pythagoras berechnet. Es handelt sich dabei um die Hypotenuse im rechtwinkligen Dreieck.

$$c^2 = a^2 + b^2$$
$$c^2 = (490\text{ cm})^2 + (1\,260\text{ cm})^2$$
$$c^2 = 1\,827\,700\text{ cm}^2 \qquad |\sqrt{\ }$$
$$c \approx 1\,351,92\text{ cm}$$

Die Länge von 2 Seilen beträgt:
$$2 \cdot 1\,351,92\text{ cm} = 2\,703,84\text{ cm} \approx 27,04\text{ m}$$

Es wird mindestens **27,04 m** Seil benötigt.

5. Benenne die Personen z. B. mit A, B, C, D, E und F.
Person A schüttelt 5 Personen die Hand (Person B, C, D, E und F).
Person B schüttelt danach noch 4 Personen die Hand (Person C, D, E und F).
Person C schüttelt danach noch 3 Personen die Hand (Person D, E und F).
Person D schüttelt danach noch 2 Personen die Hand (Person E und F).
Person E schüttelt danach noch 1 Person die Hand (Person F).
Addiere nun: $5+4+3+2+1=15$

Es werden **15-mal** Hände geschüttelt.

Teil B – Wahlteil

1. a) Berechne zuerst das gesamte Volumen des Zylinders.
Bestimme anschließend 95 % davon.

$V = \pi \cdot r^2 \cdot h$
$V = \pi \cdot (35\ \text{cm})^2 \cdot 50\ \text{cm}$
$V \approx 192\,422{,}55\ \text{cm}^3$

Lösung mit dem **Dreisatz**:
$100\ \% \mathrel{\hat{=}} 192\,422{,}55\ \text{cm}^3$
$1\ \% \mathrel{\hat{=}} 192\,422{,}55\ \text{cm}^3 : 100$
$95\ \% \mathrel{\hat{=}} 192\,422{,}55\ \text{cm}^3 : 100 \cdot 95 \approx 182\,801\ \text{cm}^3$

Lösung mit der **Formel**:

$$P = \frac{G \cdot p}{100}$$

$$P = \frac{192\,422{,}55\ \text{cm}^3 \cdot 95}{100}$$

$P \approx 182\,801\ \text{cm}^3$

Alternativ:
Du kannst auch sofort 95 % von der Höhe bestimmen und dann das Volumen berechnen.

95 % von 50 cm sind 47,5 cm.

$V = \pi \cdot r^2 \cdot h$
$V = \pi \cdot (35\ \text{cm})^2 \cdot 47{,}5\ \text{cm}$
$V \approx 182\,801\ \text{cm}^3$

Es befinden sich **182 801 cm³** Wasser im Behälter.

b) $210\ \ell = 210\ \text{dm}^3$
Das Volumen eines Quaders wird mit der Formel $V = a \cdot b \cdot c$ berechnet.
Gesucht sind also 3 Zahlen, die miteinander multipliziert $210\ \text{dm}^3$ ergeben. Kein Maß darf dabei kleiner als 20 cm = 2 dm sein.
Probiere aus.

$2\ \text{dm} \cdot 5\ \text{dm} \cdot 21\ \text{dm} = 210\ \text{dm}^3$

Mögliche Lösung:
a = **2 dm**; b = **5 dm**; c = **21 dm**

2. a) Fertige eine Skizze an und markiere die gegebenen Werte farbig. Zeichne zuerst Seite $c = 6$ cm. Zeichne in A den Winkel $\alpha = 80°$ ein. Miss auf dem freien Schenkel von α die Länge der Seite b ab und du erhältst C.

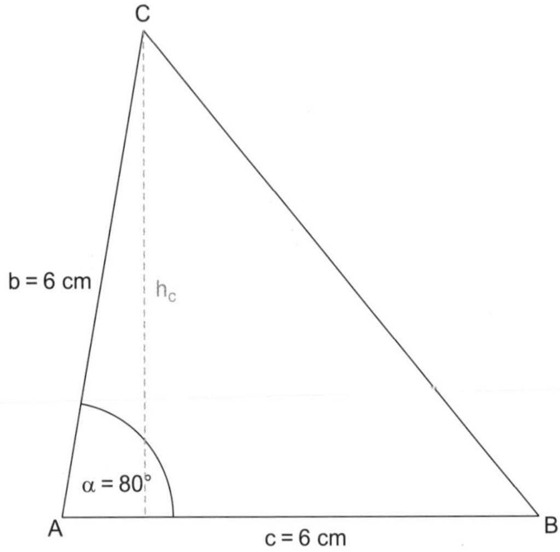

Da das Dreieck ein gleichschenkliges Dreieck ist, kannst du die fehlenden Winkel berechnen. Die Winkelsumme im Dreieck beträgt 180°. *Alternativ* kannst du die Winkel auch in deiner Zeichnung abmessen.

$\beta = \gamma = (180° - 80°) : 2 = \mathbf{50°}$

b) Um den Flächeninhalt deines gezeichneten Dreiecks berechnen zu können, benötigst du die Länge einer Seite und die dazugehörige Höhe. Zeichne die Höhe zu c oder b ein. Miss die Länge der Höhe ab.

$$A_{\text{Dreieck}} = \frac{c \cdot h_c}{2}$$

$$A_{\text{Dreieck}} = \frac{6\text{ cm} \cdot 5{,}8\text{ cm}}{2}$$

$$A_{\text{Dreieck}} = \mathbf{17{,}4\ cm^2}$$

Wenn dein Ergebnis zwischen 17,4 cm^2 und 18 cm^2 liegt, hast du richtig gezeichnet und richtig gerechnet.

Berechne, wie lang die Höhe h_c sein muss, wenn gilt:
$c = 10$ cm und $A = 17{,}4$ cm^2

$$A = \frac{c \cdot h_c}{2} \quad \Big| \cdot 2$$

$$2 \cdot A = c \cdot h_c \quad \Big| : c$$

$$\frac{2 \cdot A}{c} = h_c$$

$$h_c = \frac{2 \cdot 17{,}4\ \text{cm}^2}{10\ \text{cm}}$$

$$h_c = 3{,}48\ \text{cm} \approx 3{,}5\ \text{cm}$$

Zeichne die Seite $c = 10$ cm und zeichne an einer **beliebigen** Stelle die Höhe $h_c = 3{,}5$ cm ein. Du erhältst den Eckpunkt C.
Verbinde die Punkte A und B mit dem Eckpunkt C.

Mögliche Lösung:

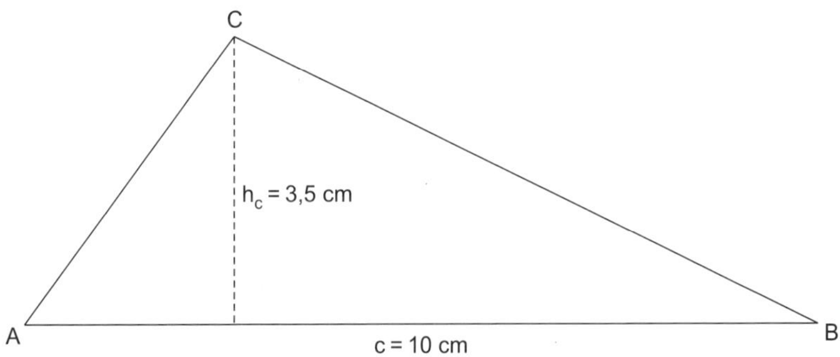

Wenn deine Höhe zwischen 3,4 cm und 3,7 cm lang ist, hast du richtig gezeichnet.

3. a) Firma Schnell hat als einzige Firma einen Grundpreis von 90 €. Also muss Graph 2 zu Firma Schnell gehören, da dieser Graph bei 90 € auf der y-Achse startet.
Firma Flott hat keinen Grundpreis. Also muss Graph 3 zu Firma Flott gehören, da dieser Graph im Ursprung startet.
Firma Eilig hat eine einmalige Gebühr, unabhängig von der gefahrenen Strecke („Flatrate"). Dazu passt Graph 1.
Um die passenden Wertetabellen zuordnen zu können, ist es am einfachsten, wenn du einen Punkt der Tabelle in der Grafik abliest.

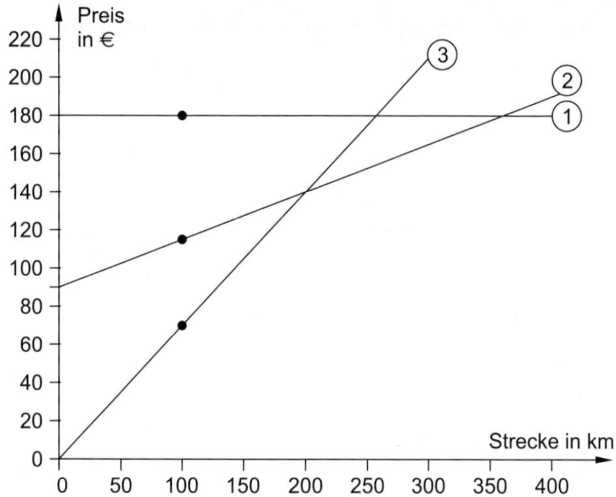

Firma Schnell	Firma Flott	Firma Eilig
Graph 2	Graph 3	Graph 1
Wertetabelle C	Wertetabelle B	Wertetabelle A

b) • Lies aus der Grafik bei 230 km ab, welcher Graph am niedrigsten ist. Dies ist das günstigste Angebot.
Es sind verschiedene Begründungen möglich.

Firma Schnell mit Graph 2 ist am günstigsten, weil dieser Graph beim Wert 230 km am niedrigsten ist.

• Aus der Grafik kannst du ablesen, dass sich die Klasse 10 b nur für Angebot 3 (Firma Flott) entscheiden kann. Alle anderen Angebote sind teurer als 80 €. Jetzt kannst du ausrechnen, wie viele Kilometer gefahren werden können.

$$80\,€ : 0{,}70\,\frac{€}{\text{km}} \approx 114\text{ km}$$

Die Klasse 10 b kann maximal **114 km** zurücklegen.

Hauptschulabschlussprüfung in Baden-Württemberg
Mathematik 2021

Teil A 1 – Pflichtteil (hilfsmittelfrei)

1. Mache einen Überschlag, um das richtige Ergebnis zu bestimmen.
Runde die Zahlen vorher sinnvoll, z. B.: $31\,232{,}5 : 3{,}1 \approx 31\,000 : 3{,}1 = 10\,000$
Da die erste Zahl abgerundet wurde, muss das genaue Ergebnis ein wenig größer sein.

$31\,232{,}5 : 3{,}1 =$

☐ 100,75 ☐ 1 007,5 ☒ 10 075 ☐ 10 750

2. Berechne zuerst, wie viel Liter insgesamt vorhanden sind.
Dividiere das Ergebnis dann durch $\frac{1}{4}$. Beachte dabei: Division durch einen Bruch bedeutet Multiplikation mit dem Kehrwert.

$$2\frac{1}{2}\,\ell \cdot 3 = \frac{5}{2}\,\ell \cdot 3 = \frac{15}{2}\,\ell$$

$$\frac{15}{2}\,\ell : \frac{1}{4}\,\ell = \frac{15}{\not{2}} \cdot \not{4}^{\,2} = 30$$

Man kann **30 Gläser** damit füllen.

oder:

Du kannst alle Zahlen in Dezimalzahlen umwandeln und dann berechnen:

$$2\frac{1}{2}\,\ell = 2{,}5\,\ell = 2\,500\,m\ell \qquad \frac{1}{4}\,\ell = 0{,}25\,\ell = 250\,m\ell$$

$2\,500\,m\ell \cdot 3 = 7\,500\,m\ell$
$7\,500\,m\ell : 250\,m\ell = 30$

Man kann **30 Gläser** damit füllen.

3. Löse zuerst die Multiplikationsaufgabe. Wandle das Ergebnis dann in eine Zehnerpotenz um. Zähle dazu die Anzahl der Stellen, die durch die Zehnerpotenz dargestellt werden. Die Hochzahl gibt die Anzahl der Stellen an.

$3\,700\,000 \cdot 100 = 370\,000\,000$

z. B. $\mathbf{3{,}7 \cdot 10^8}$ $\Rightarrow$ 8 Stellen werden durch die Zehnerpotenz dargestellt.
oder: $\mathbf{37 \cdot 10^7}$ $\Rightarrow$ 7 Stellen werden durch die Zehnerpotenz dargestellt.
oder: $\mathbf{370 \cdot 10^6}$ $\Rightarrow$ 6 Stellen werden durch die Zehnerpotenz dargestellt.

Alle anderen Potenzdarstellungen sind als Lösung ebenfalls möglich.

4. Wenn alles um 75 % reduziert wurde, kostet es nur noch 25 % des ursprünglichen Preises. Berechne, wie viel die Schuhe dann kosten müssten.

$25\ \% = \frac{1}{4} \quad \Rightarrow \quad \frac{1}{4}$ von $120\ € = 120\ € : 4 = 30\ €$

Die Schuhe müssten 30 € kosten, kosten aber 40 €.

Die Aussage **stimmt nicht**.

oder:

Berechne, um wie viel Prozent die Schuhe reduziert wurden.

40 € von 120 € entspricht $\frac{40}{120} = \frac{1}{3} \approx 33\ \%$.

Die Schuhe wurden nicht um 75 %, sondern um ca. 67 % reduziert.

Die Aussage **stimmt nicht**.

Andere Begründungen sind ebenfalls möglich.

5. Löse zuerst die Klammer auf der linken Seite auf, indem du jedes Element in der Klammer mit der Zahl vor der Klammer multiplizierst. Fasse auf der rechten Seite zusammen.
Forme die Gleichung dann schrittweise so um, dass die gesuchte Variable allein auf einer Seite steht, und berechne den Wert für x.

$$
\begin{aligned}
4 \cdot (3x - 2) &= 8x + 7 - 6x - 10 \\
12x - 8 &= 2x - 3 && | -2x \\
10x - 8 &= -3 && | +8 \\
10x &= 5 && | :10 \\
\mathbf{x} &\mathbf{= 0{,}5}
\end{aligned}
$$

Du kannst das Ergebnis zusätzlich mit der Probe überprüfen.
Setze für $x = 0{,}5$ ein und berechne.

$$
\begin{aligned}
4 \cdot (3 \cdot 0{,}5 - 2) &= 8 \cdot 0{,}5 + 7 - 6 \cdot 0{,}5 - 10 \\
4 \cdot (-0{,}5) &= 4 + 7 - 3 - 10 \\
-2 &= -2
\end{aligned}
$$

6. Füge das Netz im Kopf zum abgebildeten Quader zusammen und überlege dir, wie die beiden Diagonalen verlaufen müssen. Es gibt 2 Möglichkeiten.

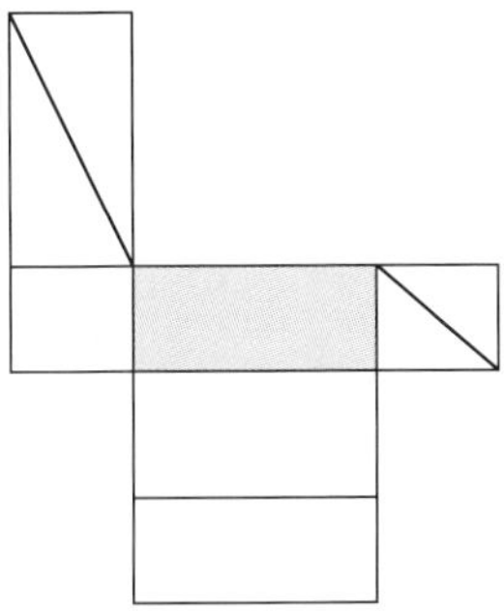

oder:

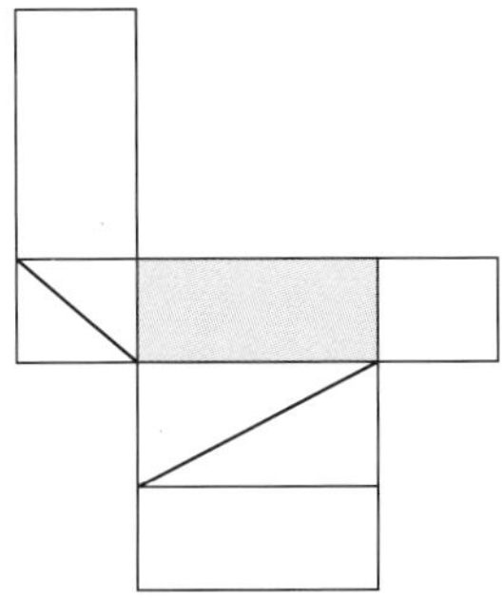

7. Vergleiche die Längen der Grundseiten und der Höhen.

Die Formel zur Berechnung des Flächeninhalts eines Parallelogramms lautet: $A = a \cdot h$

Da alle Parallelogramme gleich hoch und deren Grundseiten gleich lang sind, müssen die Flächeninhalte **gleich groß** sein.

oder:

Berechne alle Flächeninhalte, indem du die Länge der jeweiligen Grundseite und der Höhe durch Messen ermittelst.

$A = a \cdot h$

$A = 2\text{ cm} \cdot 3{,}1\text{ cm} = 6{,}2\text{ cm}^2$

Alle Flächeninhalte sind **gleich groß**.

8. Bilde für jede Note das zugehörige „Produkt“, indem du die Anzahl mit dem Wert der Note multiplizierst. Addiere dann die Werte.
Dividiere die Summe durch die Anzahl aller Noten.

$2 \cdot 1 = 2$ $3 \cdot 2 = 6$ $7 \cdot 3 = 21$ $3 \cdot 4 = 12$ $2 \cdot 5 = 10$

$2 + 6 + 21 + 12 + 10 = 51$

$51 : 17 = 3$

Der Durchschnitt beträgt **3**.

9. Berechne zuerst, wie viel Prozent jede Farbe ausmacht. Zeichne dann die Balken entsprechend lang ein.

rot: $\frac{25}{50} = \frac{1}{2} = 50\ \%$ grün: $\frac{10}{50} = \frac{1}{5} = 20\ \%$ gelb: $\frac{15}{50} = \frac{3}{10} = 30\ \%$

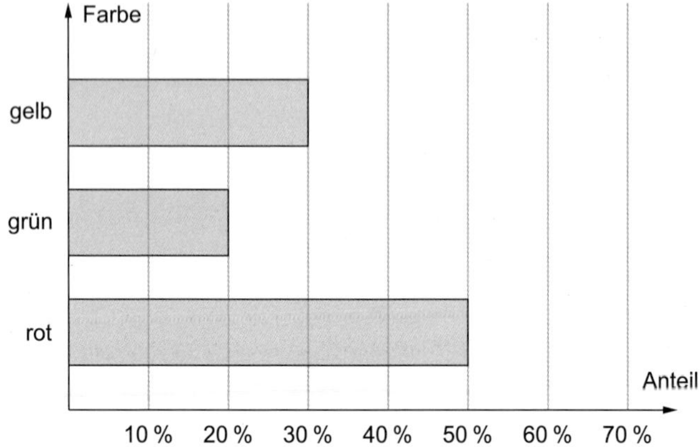

10. Bei einer proportionalen Zuordnung gilt: „Je mehr …, desto mehr …“
In dieser Aufgabe bedeutet das: „Je mehr Schrauben, desto höher ist das Gewicht.“
Um die Anzahl der Schrauben bei einem Gewicht von 20 g zu berechnen, benötigst du den Dreisatz.

30 g ≙ 120 Schrauben
10 g ≙ 40 Schrauben
20 g ≙ 80 Schrauben

·2

Gewicht in g	20	30	**60**
Anzahl der Schrauben	**80**	120	240

·2

Teil A 2 – Pflichtteil

1. Bestimme zuerst die Anzahl der verwendeten Papierbecher. Jeder gezeichnete Becher entspricht 100 Millionen echten Bechern. Berechne dann 70 % davon mit dem Dreisatz oder mit der Formel.

$17 \cdot 100\,000\,000 = 1\,700\,000\,000$

Lösung mit dem **Dreisatz**:

$100\ \% \mathrel{\hat{=}} 1\,700\,000\,000$ Papierbecher
$10\ \% \mathrel{\hat{=}} 170\,000\,000$ Papierbecher
$70\ \% \mathrel{\hat{=}} 1\,190\,000\,000$ Papierbecher

Lösung mit der **Formel**:

$$P = \frac{G \cdot p}{100} = \frac{1\,700\,000\,000 \cdot 70}{100} = 1\,190\,000\,000$$

Es werden jährlich **1 190 000 000 (1,19 Mrd.) Plastikdeckel** verwendet.

2. Berechne zuerst den Oberflächeninhalt der quadratischen Pyramide. Die Oberfläche besteht aus 4 gleichen Dreiecken und der quadratischen Grundfläche.

$$O_{\text{Pyramide}} = A_{\text{Grundfläche}} + 4 \cdot A_{\text{Dreieck}}$$

$$A_{\text{Grundfläche}} = a \cdot a$$
$$A_{\text{Grundfläche}} = 10\ \text{cm} \cdot 10\ \text{cm}$$
$$A_{\text{Grundfläche}} = 100\ \text{cm}^2$$

$$A_{\text{Dreieck}} = \frac{a \cdot h_a}{2}$$
$$A_{\text{Dreieck}} = \frac{10\ \text{cm} \cdot 7\ \text{cm}}{2}$$
$$A_{\text{Dreieck}} = 35\ \text{cm}^2$$

$$O_{\text{Pyramide}} = 100\ \text{cm}^2 + 4 \cdot 35\ \text{cm}^2$$
$$O_{\text{Pyramide}} = 240\ \text{cm}^2$$

Die Oberfläche des Würfels beträgt ebenfalls $240\ \text{cm}^2$. Die Oberfläche besteht aus 6 gleich großen Quadraten. Gesucht ist die Fläche eines Quadrats.

$240\ \text{cm}^2 : 6 = 40\ \text{cm}^2$

Die schraffierte Fläche beträgt **$40\ \text{cm}^2$**.

3. Du kannst das Dreieck zeichnen. Miss dann nach, ob ein Winkel 90° hat.
Mache vorher eine Skizze und markiere die gegebenen Werte farbig, damit du dich orientieren kannst.

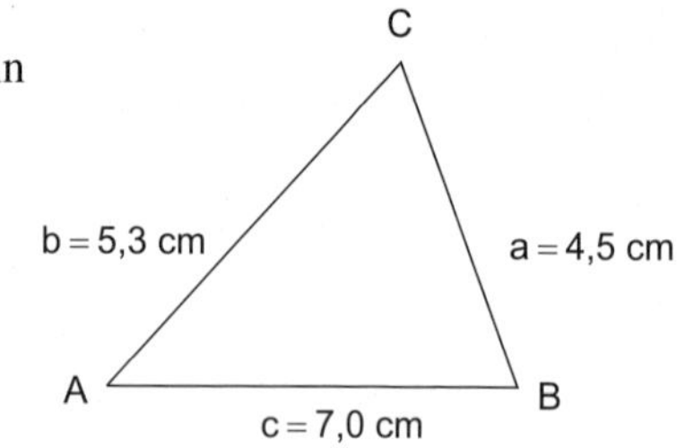

Konstruktionsschritte:
1. Zeichne die Seite c = 7 cm.
2. Zeichne um B einen Kreis mit r = a = 4,5 cm.
3. Zeichne um A einen Kreis mit r = b = 5,3 cm.
4. Der Schnittpunkt der beiden Kreise ergibt den Punkt C.
5. Verbinde A und C sowie B und C.

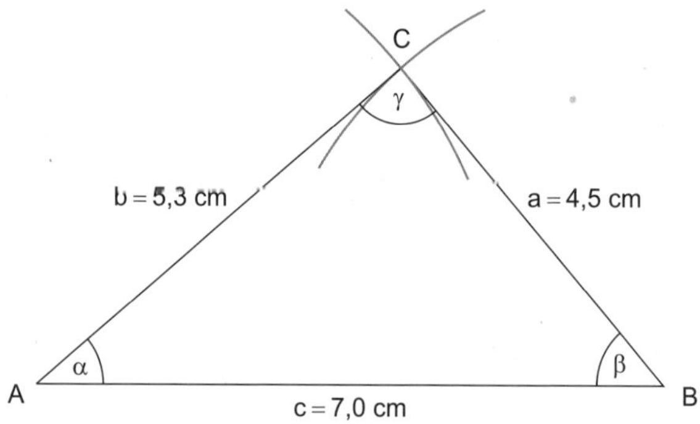

Thorsten hat **nicht recht**. Kein Winkel beträgt 90°, das Dreieck ist also nicht rechtwinklig.

oder:

Du kannst den Satz des Pythagoras verwenden, um zu überprüfen, ob ein Dreieck rechtwinklig ist. Überprüfe dazu, ob die Formel $a^2 + b^2 = c^2$ gilt. Die längste Seite müsste die Hypotenuse sein.

$$(4{,}5\text{ cm})^2 + (5{,}3\text{ cm})^2 \stackrel{?}{=} (7\text{ cm})^2$$

$$20{,}25\text{ cm}^2 + 28{,}09\text{ cm}^2 \stackrel{?}{=} 49\text{ cm}^2$$

$$48{,}34\text{ cm}^2 \neq 49\text{ cm}^2$$

Thorsten hat **nicht recht**. Der Satz des Pythagoras gilt nicht, das Dreieck ist also nicht rechtwinklig.

4. • Ordne die Angebote den passenden Graphen zu:
Angebot 1 hat als einzige Firma eine Bearbeitungsgebühr von 45 €. Der Graph kann daher nicht im Ursprung beginnen.
Bei Angebot 2 handelt es sich um eine proportionale Zuordnung (es gilt: je mehr …, desto mehr …).
Bei Angebot 3 sind die Kosten abhängig von der Stückzahl, der Graph muss also unterschiedlich steil verlaufen.

Angebot **1** gehört zu Diagramm **B**.

Angebot **2** gehört zu Diagramm **A**.

Angebot **3** gehört zu Diagramm **C**.

• Berechne alle Angebote und vergleiche anschließend.

Angebot 1:
Kosten für die Flyer: $1\,000 \cdot 0{,}39\text{ €} = 390\text{ €}$
Kosten gesamt: $45\text{ €} + 390\text{ €} = 435\text{ €}$

Angebot 2:
$1\,000 \cdot 0{,}45\text{ €} = 450\text{ €}$

Angebot 3:
Kosten für die Flyer 1 bis 500: $500 \cdot 0{,}49\text{ €} = 245\text{ €}$
Kosten für die Flyer 501 bis 1 000: $500 \cdot 0{,}39\text{ €} = 195\text{ €}$

Kosten gesamt: $245\text{ €} + 195\text{ €} = 440\text{ €}$

Angebot 1 ist mit 435 € am günstigsten.

5. • Kombiniere jede Zehnerzahl mit jeder Einerzahl („jeder mit jedem“) und schreibe die möglichen Kombinationen geordnet auf.

26, 27, 29
36, 37, 39
46, 47, 49

• Es gibt insgesamt 9 Möglichkeiten. Zähle ab, wie viele der Möglichkeiten eine gerade Zahl bilden.

Gerade Zahlen: 26, 36, 46

$$\text{Wahrscheinlichkeit} = \frac{\text{Anzahl der geraden Zahlen}}{\text{Anzahl aller Zahlen}} = \frac{\mathbf{3}}{\mathbf{9}} = \frac{\mathbf{1}}{\mathbf{3}} \approx \mathbf{0{,}33} = \mathbf{33\ \%}$$

Teil B – Wahlteil

1. a) Miss zuerst im Kreisdiagramm, wie groß der Sektor für „Marke“ ist. Damit kannst du bestimmen, wie viele Personen 1° im Kreisdiagramm entsprechen.
Miss dann, wie groß der Sektor für „Preis“ ist.

$135° \triangleq 270$ Personen (Marke)
$1° \triangleq 2$ Personen
$195° \triangleq 390$ Personen (Preis)

390 der befragten Personen achten beim Kauf von Kleidung auf den Preis.

b) Miss zuerst die Längen der gestrichelten Linien und addiere.
Berechne dann die tatsächliche Länge, indem du den Maßstab berücksichtigst. 1 : 500 bedeutet, dass 1 cm auf dem Blatt 500 cm in Wirklichkeit entspricht. Achte auf die Einheiten.

Länge in der Zeichnung:
$2\text{ cm} + 5\text{ cm} + 7{,}5\text{ cm} + 1{,}5\text{ cm} = 16\text{ cm}$

Länge in Wirklichkeit:
$16\text{ cm} \cdot 500 = 8\,000\text{ cm} = 800\text{ dm} = 80\text{ m}$

Anzahl der benötigten Zaunstücke:
$80\text{ m} : 2{,}50\text{ m} = 32$

Gesamtpreis:
$32 \cdot 62{,}50\text{ €} = 2\,000\text{ €}$

Der Zaun kostet **2 000 €**.

2. a) Überlege, wie du die Form verändern kannst, sodass der Umfang gleich bleibt, aber die Fläche möglichst groß wird. Alle Seiten müssen dafür möglichst lang sein.

Um die größtmögliche Fläche zu erhalten, müssen die Zaunteile zu einem **Quadrat mit der Seitenlänge 10 Zaunelemente** gesteckt werden.

Du kannst auch eine Skizze anfertigen, aus der deutlich wird, dass jede Seitenlänge aus 10 Zaunelementen besteht.

b) Berechne zuerst die Fläche der Dachform 1. Sie besteht aus 8 gleichen Dreiecken. Ein Dreieck hat die Höhe $h_a = 4{,}82\ \text{m} : 2 = 2{,}41\ \text{m}$ und die Grundseite $a = 2\ \text{m}$.

$$A_{\text{Dreieck}} = \frac{a \cdot h_a}{2}$$

$$A_{\text{Dreieck}} = \frac{2\ \text{m} \cdot 2{,}41\ \text{m}}{2}$$

$$A_{\text{Dreieck}} = 2{,}41\ \text{m}^2$$

$$A_{\text{ges}} = 8 \cdot A_{\text{Dreieck}}$$

$$A_{\text{ges}} = 8 \cdot 2{,}41\ \text{m}^2$$

$$A_{\text{ges}} = 19{,}28\ \text{m}^2$$

Dachform 2 (Trapez) hat denselben Flächeninhalt. Dieser wird mit folgender Formel berechnet:

$$A_{\text{Trapez}} = \frac{a + c}{2} \cdot h$$

Die Länge $h = x$ ist gesucht. Stelle die Formel so um, dass h allein steht, und setze die gegebenen Werte ein.

$$A_{\text{Trapez}} = \frac{a + c}{2} \cdot h \quad | \cdot 2$$

$$2 \cdot A_{\text{Trapez}} = (a + c) \cdot h \quad | : (a + c)$$

$$\frac{2 \cdot A_{\text{Trapez}}}{a + c} = h$$

$$\frac{2 \cdot 19{,}28\ \text{m}^2}{5\ \text{m} + 2\ \text{m}} = h$$

$$h \approx 5{,}5\ \text{m}$$

Die Länge x beträgt rund **5,5 m**.

3. a) Zeichne dir ein mögliches Glücksrad auf, z. B. das hier abgebildete. Alle Teile müssen gleich groß sein. Überprüfe Aussage für Aussage.

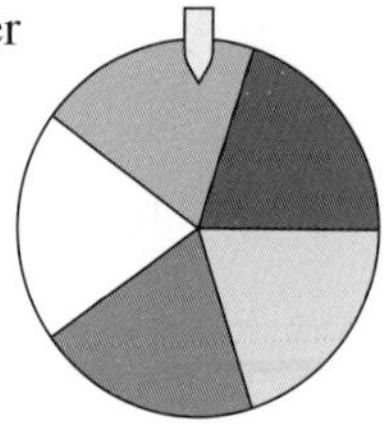

1. Je mehr Flächen es sind, desto kleiner ist jede Fläche.
2. Da alle Flächen gleich groß sind, ist auch die Wahrscheinlichkeit für jede Fläche gleich groß.
3. Die Wahrscheinlichkeit wird für jeden Dreh neu berechnet und ist nicht abhängig davon, was zuvor gedreht wurde.
4. $12{,}5\ \% = \frac{1}{8}$

Aussage	wahr	falsch
Je mehr Flächen es sind, umso größer ist die Wahrscheinlichkeit, eine bestimmte Farbe zu drehen.	☐	☒
Die Wahrscheinlichkeit jeder Farbe ist gleich groß.	☒	☐
Eine gewünschte Farbe ist lange nicht gedreht worden. Die Wahrscheinlichkeit, diese Farbe beim nächsten Mal zu drehen, ist nun höher.	☐	☒
Wenn die Wahrscheinlichkeit, eine Farbe zu drehen, bei 12,5 % liegt, dann ist das Glücksrad in 8 Flächen unterteilt.	☒	☐

b) Die zusammengesetzte Fläche besteht aus einem Rechteck und einem gleichschenkligen Trapez.

$$A_{ges} = A_{Rechteck} + A_{Trapez}$$

$$A_{Rechteck} = a \cdot b$$
$$A_{Rechteck} = 22\text{ cm} \cdot 14{,}5\text{ cm}$$
$$A_{Rechteck} = 319\text{ cm}^2$$

$$A_{Trapez} = \frac{a+c}{2} \cdot h$$

Die Höhe des Trapezes ist nicht gegeben. Sie lässt sich mit dem Satz des Pythagoras berechnen.

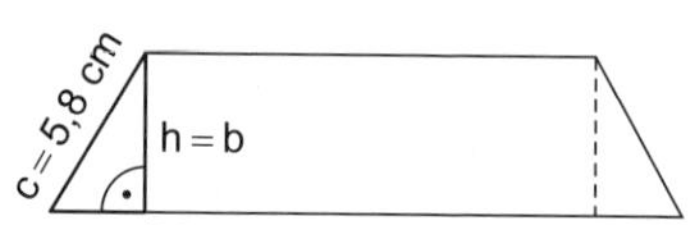

$$c^2 = a^2 + b^2 \quad |-a^2$$
$$c^2 - a^2 = b^2$$
$$(5{,}8\text{ cm})^2 - (3\text{ cm})^2 = b^2$$
$$24{,}64\text{ cm}^2 = b^2 \quad |\sqrt{\ }$$
$$b \approx 4{,}96\text{ cm}$$

$$A_{Trapez} = \frac{a+c}{2} \cdot h$$

$$A_{Trapez} = \frac{22\ cm + 16\ cm}{2} \cdot 4{,}96\ cm$$

$$A_{Trapez} = 94{,}24\ cm^2$$

$$A_{ges} = 319\ cm^2 + 94{,}24\ cm^2$$

$$A_{ges} = 413{,}24\ cm^2$$

Der Flächeninhalt der zusammengesetzten Fläche beträgt rund **413 cm²**.

4. a) Berechne beide Angebote und vergleiche. Du kannst den Dreisatz oder den Wachstumsfaktor verwenden. Beachte, dass die Zinsen nach jedem Jahr zum Kapital dazukommen.

Bank A – Lösung mit dem **Dreisatz**:

1. Jahr:

$100\ \% \mathrel{\hat{=}} 1\,850\ €$

$1\ \% \mathrel{\hat{=}} 18{,}50\ €$

$0{,}9\ \% \mathrel{\hat{=}} 16{,}65\ €$

2. Jahr: neues Kapital: 1 850 € + 16,65 € = 1 866,65 €

$100\ \% \mathrel{\hat{=}} 1\,866{,}65\ €$

$1\ \% \mathrel{\hat{=}} 18{,}67\ €$

$0{,}9\ \% \mathrel{\hat{=}} 16{,}80\ €$

3. Jahr: neues Kapital: 1 866,65 € + 16,80 € = 1 883,45 €

$100\ \% \mathrel{\hat{=}} 1\,883{,}45\ €$

$1\ \% \mathrel{\hat{=}} 18{,}83\ €$

$0{,}9\ \% \mathrel{\hat{=}} 16{,}95\ €$

Am Ende bekommt Simone bei Bank A
1 883,45 € + 16,95 € = 1 900,40 €.

Bank B – Lösung mit dem **Dreisatz**:

1. Jahr:

$100\ \% \mathrel{\hat{=}} 1\,850\ €$

$1\ \% \mathrel{\hat{=}} 18{,}50\ €$

$0{,}4\ \% \mathrel{\hat{=}} 7{,}40\ €$

2. Jahr: neues Kapital: 1 850 € + 7,40 € = 1 857,40 €

$100\,\% \mathrel{\hat{=}} 1\,857{,}40\,€$
$1\,\% \mathrel{\hat{=}} 18{,}57\,€$
$1{,}1\,\% \mathrel{\hat{=}} 20{,}43\,€$

3. Jahr: neues Kapital: 1 857,40 € + 20,43 € = 1 877,83 €

$100\,\% \mathrel{\hat{=}} 1\,877{,}83\,€$
$1\,\% \mathrel{\hat{=}} 18{,}78\,€$
$1{,}3\,\% \mathrel{\hat{=}} 24{,}41\,€$

Am Ende bekommt Simone bei Bank B
1 877,83 € + 24,41 € = 1 902,24 €.

Bank A – Lösung mit dem **Wachstumsfaktor**:

100 % + 0,9 % = 100,9 % = 1,009

Guthaben nach drei Jahren:
$1\,850\,€ \cdot 1{,}009 \cdot 1{,}009 \cdot 1{,}009 \approx 1\,900{,}40\,€$

Bank B – Lösung mit dem **Wachstumsfaktor**:

1. Jahr: 100 % + 0,4 % = 100,4 % = 1,004
2. Jahr: 100 % + 1,1 % = 101,1 % = 1,011
3. Jahr: 100 % + 1,3 % = 101,3 % = 1,013

Guthaben nach drei Jahren:
$1\,850\,€ \cdot 1{,}004 \cdot 1{,}011 \cdot 1{,}013 \approx 1\,902{,}24\,€$

Berechne nun den Zinsunterschied.

Der Zinsunterschied beträgt 1 902,24 € – 1 900,40 € = 1,84 €.

Bei **Bank B** erhält Simone nach 3 Jahren **1,84 € mehr Zinsen**.

b) • Zeichne das Dreieck mit den angegebenen Maßen. Mache vorher eine Skizze und markiere die gegebenen Werte farbig, damit du dich orientieren kannst.

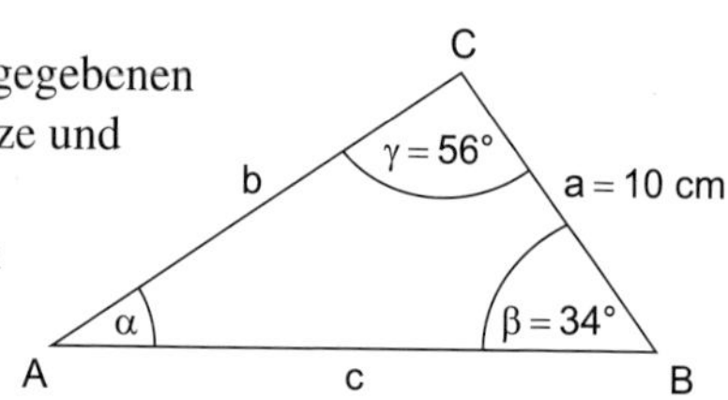

Konstruktionsschritte:
1. Zeichne die Seite a = 10 cm.
2. Trage in B den Winkel β = 34° ab.
3. Trage in C den Winkel γ = 56° ab.
4. Der Schnittpunkt der beiden Schenkel ergibt Punkt A.

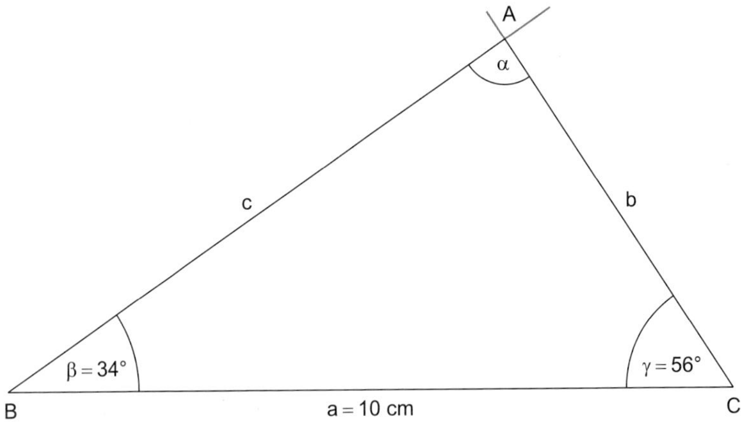

- In einem gleichseitigen Dreieck betragen alle Innenwinkel 60°. Die Winkelhalbierenden teilen die Winkel jeweils in 30°-Winkel, sodass 3 gleichschenklige Dreiecke entstehen. Die Winkelsumme im Dreieck beträgt 180°.

  $\delta = 180° - 2 \cdot 30° = 120°$
  δ beträgt also **120°**.

  oder:

  Der Innenwinkel im Kreis beträgt 360°. Die Winkelhalbierenden teilen den Kreis in 3 gleich große Teile.

  $\delta = 360° : 3 = 120°$
  δ beträgt also **120°**.

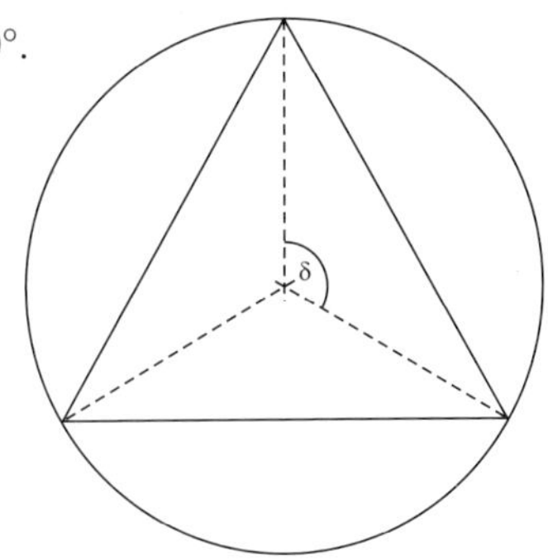

Hauptschulabschlussprüfung in Baden-Württemberg
Mathematik 2022

Teil A 1 – Pflichtteil (hilfsmittelfrei)

1. Achte darauf, dass alle Beträge in derselben Einheit angegeben sind. Schreibe dann stellengerecht untereinander und addiere.

$2 \cdot 89\ \text{ct} = 178\ \text{ct} = 1{,}78\ €$

$$\begin{array}{lr} & 1{,}78\ € \\ + & 9{,}78\ € \\ + & 18{,}99\ € \\ + & 0{,}95\ € \\ & {\scriptstyle 2\ 3\ 3} \\ \hline & 31{,}50\ € \end{array}$$

Jannik muss **31,50 €** bezahlen.

Wenn du alles in Cent umgewandelt hast, bekommst du **3 150 ct** als Ergebnis.

2. Wandle die beiden gegebenen Zahlen in Dezimalzahlen um:

$\frac{1}{4} = 0{,}25 \qquad \frac{2}{5} = 0{,}4$

Du kannst jede Zahl, die größer als 0,25 und kleiner als 0,4 ist, als Lösung angeben.

Mögliche Lösungen: **0,26** *oder* **0,3** *oder* $\mathbf{0{,}\overline{3}}$

oder:

Du kannst auch einen Bruch angeben. Stelle dir dazu $\frac{1}{4}$ und $\frac{2}{5}$ bildlich vor.

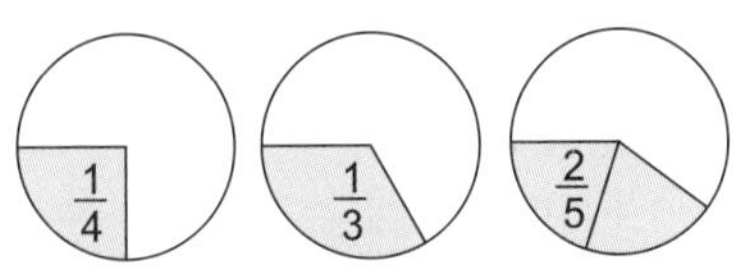

Alternativ kannst du die beiden Brüche auch auf den Hauptnenner 20 erweitern:

$\frac{1}{4} = \frac{5}{20} \qquad \frac{2}{5} = \frac{8}{20}$

Mögliche Lösungen: $\mathbf{\frac{1}{3}}$ *oder* $\mathbf{\frac{3}{8}}$ *oder* $\mathbf{\frac{6}{20} = \frac{3}{10}}$

3. Überlege dir zuerst, wie viel Prozent des ursprünglichen Preises die Hose nun kostet. Berechne dann mit dem Dreisatz den Grundwert.

Die Hose wurde um 70 % reduziert, also kostet sie noch
100 % – 70 % = 30 % des ursprünglichen Preises.

$$\begin{aligned} 30\,\% &\mathrel{\hat{=}} 24\ € \\ 10\,\% &\mathrel{\hat{=}} 8\ € \\ 100\,\% &\mathrel{\hat{=}} 80\ € \end{aligned}$$

Die Hose hat vorher **80 €** gekostet.

4. Berechne die Lösung schrittweise:
Löse zuerst die Klammer auf. Achte dabei auf die Vorzeichen.
Fasse dann alle Terme mit x auf beiden Seiten der Gleichung zusammen.

$$\begin{aligned} 35x + 16 - 12x &= 18x - (23 + 8x) \\ 35x + 16 - 12x &= 18x - 23 - 8x \\ 23x + 16 &= 10x - 23 && \mid -10x \\ 13x + 16 &= -23 && \mid -16 \\ 13x &= -39 && \mid :13 \\ \mathbf{x} &= \mathbf{-3} \end{aligned}$$

5. Bei den Figuren handelt es sich um ein symmetrisches Trapez, ein Rechteck und ein Parallelogramm. Alle 3 Figuren haben dieselbe Höhe.

Das Trapez kann durch Zerlegen genau in die Form des Rechtecks umgewandelt werden.
Die beiden Figuren haben also denselben Flächeninhalt.

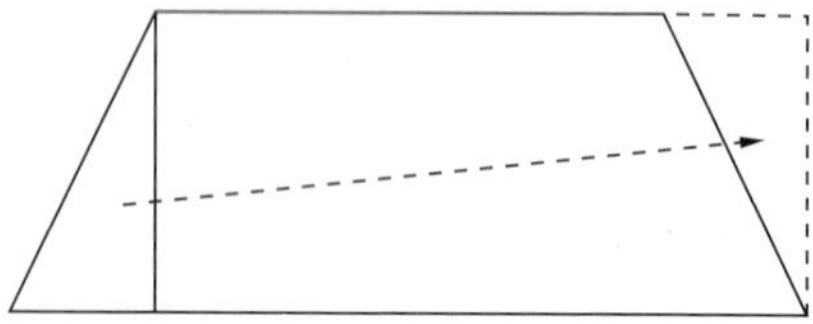

Beim Parallelogramm ist die Grundseite genauso lang wie beim Rechteck. Da beide Flächen mit der Formel „Grundseite mal Höhe" berechnet werden, hat auch das Parallelogramm denselben Flächeninhalt wie das Rechteck.

Dilara hat recht.

oder:

Berechne die Flächeninhalte der 3 Figuren.

$$A_{Trapez} = \frac{a + c}{2} \cdot h = \frac{5{,}5\text{ cm} + 3{,}5\text{ cm}}{\cancel{2}} \cdot \cancel{2}\text{ cm} = 9\text{ cm}^2$$

$$A_{Rechteck} = a \cdot b = 4{,}5\text{ cm} \cdot 2\text{ cm} = 9\text{ cm}^2$$

$$A_{Parallelogramm} = g \cdot h_g = 4{,}5\text{ cm} \cdot 2\text{ cm} = 9\text{ cm}^2$$

Dilara hat recht.

6. Berechne zuerst das Volumen des Quaders. Wandle das Ergebnis dann in dm^3 um: $1\ m^3 = 1\,000\ dm^3$

$V = a \cdot b \cdot c$
$V = 2\ m \cdot 1\ m \cdot 1{,}5\ m$
$V = 3\ m^3 = 3\,000\ dm^3$

Da ein Würfel das Volumen von $1\ dm^3$ hat, werden **3 000 Würfel** benötigt.

oder:

Überlege dir, wie viele Würfel in die Länge, Breite und Höhe des Quaders passen. Wenn du diese 3 Werte multiplizierst, erhältst du die Anzahl der benötigten Würfel.

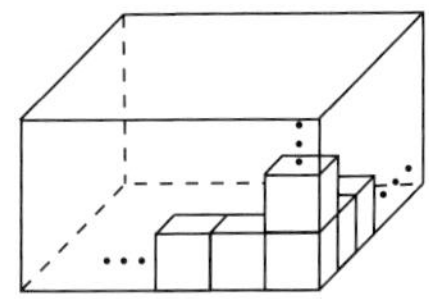

Länge: 2 m = 20 dm ⇒ 20 Würfel
Breite: 1 m = 10 dm ⇒ 10 Würfel
Höhe: 1,5 m = 15 dm ⇒ 15 Würfel

Es werden $20 \cdot 10 \cdot 15$ Würfel = **3 000 Würfel** benötigt.

7. Ein Rechteck hat 4 rechte Winkel. Gegenüberliegende Seiten sind gleich lang und parallel.
Vergleiche mit den Eigenschaften der vorgegebenen Vierecke:

- Bei einem Drachen sind *nebeneinanderliegende* Seiten gleich lang.
- Bei einer Raute sind alle 4 Seiten gleich lang.
- Bei einem Parallelogramm sind gegenüberliegende Seiten gleich lang und parallel. Gegenüberliegende Winkel sind gleich groß.
- Bei einem Quadrat sind alle 4 Seiten gleich lang.

Jedes Rechteck ist …

☐ … ein Drache.
☐ … eine Raute.
☒ … ein Parallelogramm.
☐ … ein Quadrat.

8. Du kannst beide Werte direkt aus dem Schaubild ablesen.

- 50 g Lachs kosten etwa **1,75 €**.
- Für 2 € bekommt man etwa **57 g** Lachs.

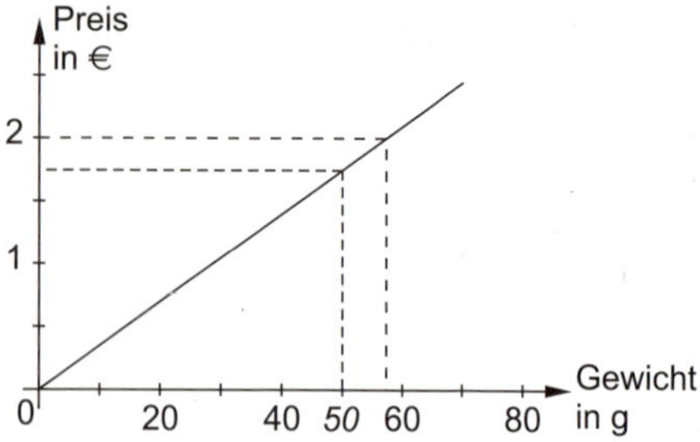

Jedes Ergebnis zwischen 1,70 € und 1,80 € für 50 g Lachs und jedes Ergebnis zwischen 56 g und 59 g Lachs für 2 € wird als richtig gewertet.

9. Auf dem Würfel sind schon 2 gerade Zahlen und eine ungerade Zahl angegeben. 3 Zahlen fehlen noch.
Die Wahrscheinlichkeit von $\frac{2}{3} = \frac{4}{6}$ bedeutet, dass 4 von 6 Zahlen am Ende gerade Zahlen sein müssen.
Also musst du 2 gerade Zahlen und eine ungerade Zahl ergänzen.

Mögliche Lösung:

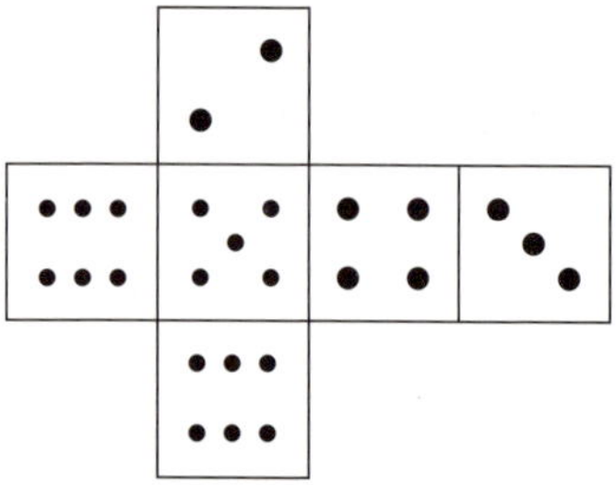

Alle Lösungen, bei denen 2 Zahlen gerade sind und eine Zahl ungerade ist, sind richtig (auch Zahlen größer als 6).

10. Berechne zuerst die gesamte Zahl an verkauften Eiskugeln. Teile diese Anzahl durch die Anzahl der Tage.

$45 + 103 + 83 + 65 + 24 = 320$

320 Eiskugeln : 5 Tage = 64 Eiskugeln pro Tag

Durchschnittlich wurden **64 Eiskugeln pro Tag** verkauft.

Teil A 2 – Pflichtteil

1. Du kannst alle Aussagen mithilfe des Dreisatzes und der Werte im Diagramm überprüfen. Insgesamt haben 2 400 Personen abgestimmt.

Aussage **Spanien:**

$100\,\% \mathrel{\hat{=}} 2\,400$ Personen
$10\,\% \mathrel{\hat{=}} 240$ Personen
$20\,\% \mathrel{\hat{=}} 480$ Personen

Aussage **Kroatien:**

$100\,\% \mathrel{\hat{=}} 2\,400$ Personen
$1\,\% \mathrel{\hat{=}} 24$ Personen
$14\,\% \mathrel{\hat{=}} 336$ Personen

Für Kroatien haben 346 Personen gestimmt. Das sind mehr als 336 Personen.

Aussage **„sonstige“:**

$$\frac{3}{10} = 30\,\%$$

$100\,\% \mathrel{\hat{=}} 2\,400$ Personen
$10\,\% \mathrel{\hat{=}} 240$ Personen
$30\,\% \mathrel{\hat{=}} 720$ Personen

Aussage **Griechenland:**

„Jeder Zehnte“ entspricht $\frac{1}{10} = 10\,\%$.

$100\,\% \mathrel{\hat{=}} 2\,400$ Personen
$10\,\% \mathrel{\hat{=}} 240$ Personen

Aussage	**wahr**	**falsch**
20 % haben für Spanien gestimmt.	☒	☐
Mehr als 14 % haben Kroatien angegeben.	☒	☐
$\frac{3}{10}$ der Personen haben ein „sonstiges“ Urlaubsziel genannt.	☐	☒
Jeder Zehnte hat für Griechenland gestimmt.	☒	☐

2. Berechne zuerst das Volumen des zusammengesetzten Körpers. Er besteht aus einem Quader und einer quadratischen Pyramide.

$$V_{Quader} = a \cdot b \cdot c$$
$$V_{Quader} = 3\text{ cm} \cdot 3\text{ cm} \cdot 2\text{ cm}$$
$$V_{Quader} = 18\text{ cm}^3$$

$$V_{Pyramide} = \frac{1}{3} \cdot A_{Grundfläche} \cdot h$$

$$V_{Pyramide} = \frac{1}{3} \cdot 3\text{ cm} \cdot 3\text{ cm} \cdot 6\text{ cm}$$

$$V_{Pyramide} = 18\text{ cm}^3$$

$$V_{gesamt} = V_{Quader} + V_{Pyramide}$$
$$V_{gesamt} = 18\text{ cm}^3 + 18\text{ cm}^3$$
$$V_{gesamt} = 36\text{ cm}^3$$

Löse nun die Formel zur Berechnung des Volumens eines Quaders nach der Höhe c auf.
Setze dann das berechnete Volumen und die gegebenen Seiten ein.

$$V_{Quader} = a \cdot b \cdot c \qquad |: a;\ : b$$

$$c = \frac{V_{Quader}}{a \cdot b}$$

$$c = \frac{36\text{ cm}^3}{3\text{ cm} \cdot 3\text{ cm}}$$

$$c = \frac{36\text{ cm}^3}{9\text{ cm}^2}$$

$$c = 4\text{ cm}$$

Die Höhe des Quaders beträgt **4 cm**.

3. Beachte beim Schrägbild, dass nicht zu sehende Kanten gestrichelt dargestellt werden. Nach hinten verlaufende Kanten werden halbiert und haben einen 45°-Winkel.
Halte die gegebenen Maße ein.

Mögliche Lösungen:

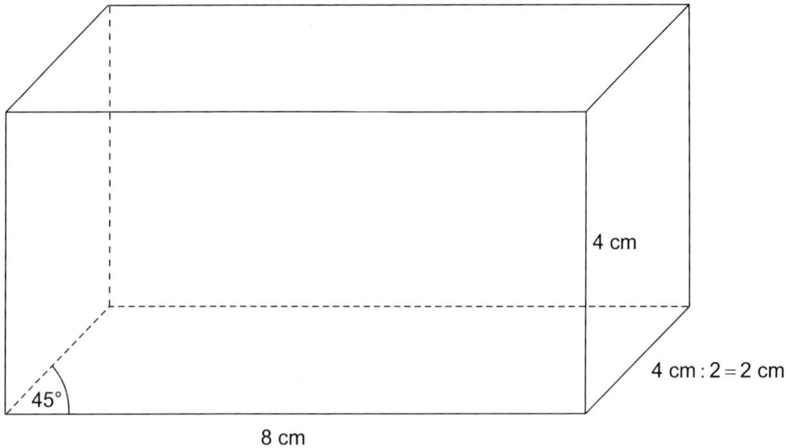

oder:

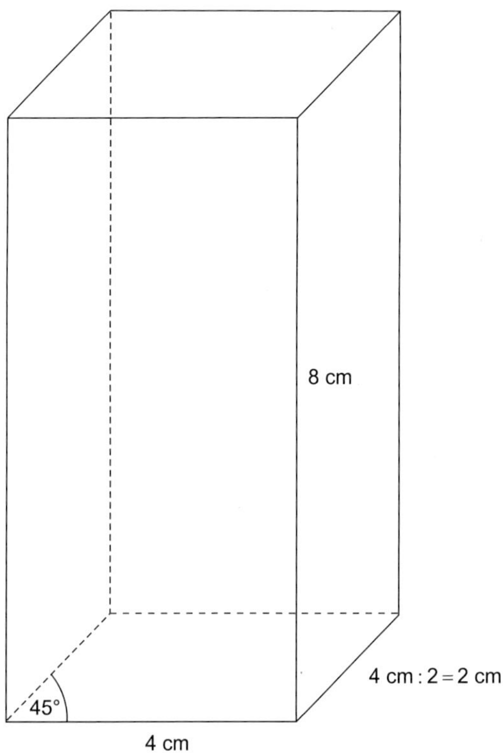

oder:

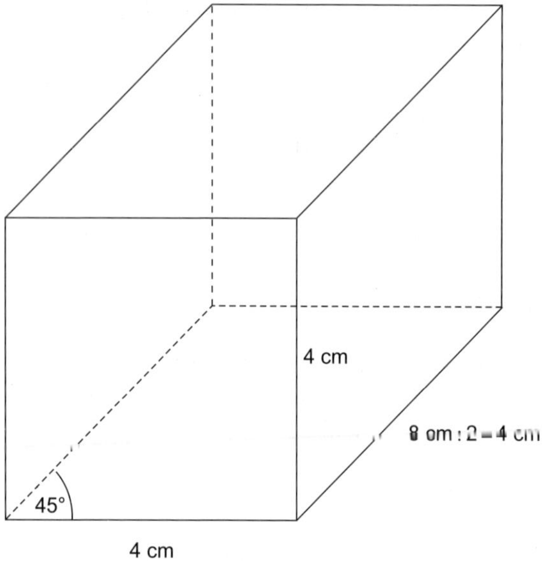

4. Miss zuerst die Flügelspannweite des Vogels in der Abbildung. Maßstab 1 : 8 bedeutet, dass 1 cm in der Zeichnung in Wirklichkeit 8 cm beträgt.

Die Flügelspannweite in der Zeichnung beträgt 7,5 cm.

$7{,}5\ \text{cm} \cdot 8 = 60\ \text{cm}$

Die Flügelspannweite in Wirklichkeit beträgt **60 cm**.

5. Beim quaderförmigen Würfel sind 2 von 6 Möglichkeiten eine gerade Zahl. Die Wahrscheinlichkeit für eine gerade Zahl beträgt also $\frac{2}{6} = \frac{1}{3}$.

Beim pyramidenförmigen Würfel sind 2 von 4 Möglichkeiten eine gerade Zahl. Die Wahrscheinlichkeit für eine gerade Zahl beträgt also $\frac{2}{4} = \frac{1}{2}$.

$\frac{1}{2} > \frac{1}{3}$

Beim **pyramidenförmigen Würfel** ist die Wahrscheinlichkeit für eine gerade Zahl also größer.

Teil B – Wahlteil

1. a) Berechne für beide Angebote den Endpreis. Die Familie sollte sich für das günstigere Angebot entscheiden.

Angebot A:

Bei Angebot A sind 400 km frei.

Grundpreis:	50 € · 14 = 700 €
gefahrene Kilometer:	3 400 km – 400 km = 3 000 km
	0,90 € · 3 000 = 2 700 €
Endreinigung:	100 €
Gesamtpreis:	700 € + 2 700 € + 100 € = **3 500 €**

Angebot B:

Bei Angebot B bekommt man 10 % Rabatt auf den Gesamtpreis. Ganz einfach kann man mit dem Prozentfaktor rechnen. 10 % Rabatt entsprechen einem Preis von 90 %. Der Faktor beträgt 0,9.

Grundpreis:	60 € · 14 = 840 €
gefahrene Kilometer:	0,99 € · 3 400 = 3 366 €
Gesamtpreis:	840 € + 3 366 € = 4 206 €
	4 206 € · 0,9 = **3 785,40 €**

oder:

Du kannst auch den Dreisatz verwenden:

100 % ≙ 4 206 €
10 % ≙ 420,60 €

Gesamtpreis: 4 206 € – 402,60 € = **3 785,40 €**

Angebot A ist günstiger als Angebot B, daher sollte sich die Familie für **Angebot A** entscheiden.

b) Beide Körper haben dieselbe Grundfläche und dieselbe Höhe. Das Volumen der Pyramide berechnet sich mit der Formel $V = \frac{1}{3} \cdot A_G \cdot h$.
Es beträgt also $\frac{1}{3}$ des Volumens des Quaders.
Da der Würfel zur Hälfte mit Wasser gefüllt ist und $\frac{1}{3}$ weniger als $\frac{1}{2}$ ist, **läuft das Wasser über**.

oder:

Nimm für die Höhe der beiden Körper einen beliebigen Wert an, z. B. 3 cm. Das Wasser steht also im Quader 1,5 cm hoch. Berechne zuerst das Volumen des Wassers im Quader und anschließend das Volumen der Pyramide.

$V_{\text{Wasser im Quader}} = a \cdot b \cdot c$
$V_{\text{Wasser im Quader}} = 4\text{ cm} \cdot 4\text{ cm} \cdot 1{,}5\text{ cm}$
$V_{\text{Wasser im Quader}} = 24\text{ cm}^3$

$$V_{\text{Pyramide}} = \frac{1}{3} \cdot A_G \cdot h$$

$$V_{\text{Pyramide}} = \frac{1}{3} \cdot 4\text{ cm} \cdot 4\text{ cm} \cdot 3\text{ cm}$$

$$V_{\text{Pyramide}} = 16\text{ cm}^3$$

Das Volumen der Pyramide ist kleiner als das Volumen des Wassers.
Das Wasser läuft also über.

2. a) • Berechne 9,3 % von 11 086 Mio. Tonnen mit dem Dreisatz oder mit der Formel.

Lösung mit dem **Dreisatz:**
100 % ≙ 11 086 Mio. Tonnen
1 % ≙ 110,86 Mio. Tonnen
9,3 % ≙ 1 030,998 Mio. Tonnen ≈ 1 031 Mio. Tonnen

Lösung mit der **Formel:**

$$P = \frac{G \cdot p}{100} = \frac{11\,086\text{ Mio. Tonnen} \cdot 9{,}3}{100} = 1\,030{,}998\text{ Mio. Tonnen}$$
$$\approx 1\,031\text{ Mio. Tonnen}$$

Im Jahr 2019 wurden durch den Suezkanal ca. **1 031 Mio. Tonnen** transportiert.

• Um den Anteil an Öl und Treibstoff zu berechnen, musst du 23 % von den zuvor berechneten 1 031 Mio. Tonnen bestimmen. Du kannst wieder den Dreisatz oder die Formel verwenden.

Lösung mit dem **Dreisatz:**
100 % ≙ 1 031 Mio. Tonnen
1 % ≙ 10,31 Mio. Tonnen
23 % ≙ 237,13 Mio. Tonnen ≈ 237 Mio. Tonnen

Lösung mit der **Formel:**

$$P = \frac{G \cdot p}{100} = \frac{1\,031\text{ Mio. Tonnen} \cdot 23}{100} = 237{,}13\text{ Mio. Tonnen}$$
$$\approx 237\text{ Mio. Tonnen}$$

Im Jahr 2019 wurden durch den Suezkanal ca. **237 Mio. Tonnen** Öl und Treibstoffe transportiert.

b) Der Querschnitt des Suezkanals entspricht einem symmetrischen Trapez.
Um die Breite an der Wasseroberfläche zu berechnen, zerlege die Figur in 2 rechtwinklige Dreiecke und ein Rechteck.

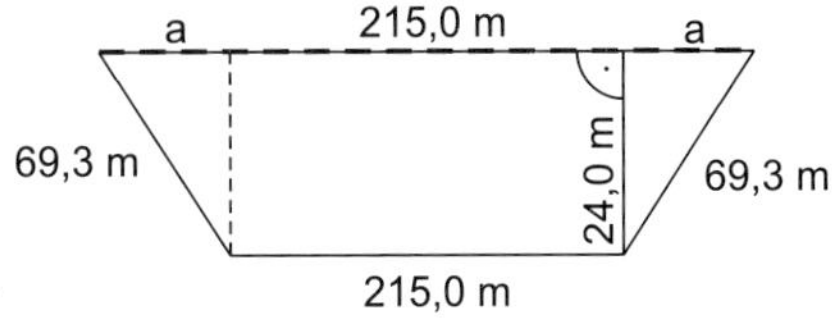

Die Strecke a kannst du mit dem Satz des Pythagoras berechnen.

gegeben: Hypotenuse c = 69,3 m
Kathete b = 24 m
gesucht: Kathete a

Löse die Formel nach a auf. Setze dann die gegebenen Werte ein und berechne.

$$
\begin{aligned}
c^2 &= a^2 + b^2 \quad \left| -b^2 \right. \\
c^2 - b^2 &= a^2 \\
(69{,}3\text{ m})^2 - (24\text{ m})^2 &= a^2 \\
4\,226{,}49\text{ m}^2 &= a^2 \quad \left| \sqrt{\ } \right. \\
65\text{ m} &\approx a
\end{aligned}
$$

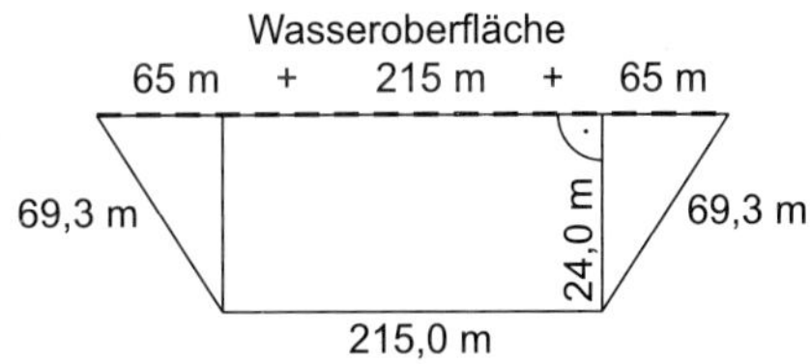

$65\text{ m} + 215\text{ m} + 65\text{ m} = 345\text{ m}$

Der Suezkanal ist an der Wasseroberfläche **345 m** breit.

3. a) • $3+3=\mathbf{6}$ $\quad\sqrt{9}=\mathbf{3}$ $\quad 4{,}5-1{,}5=\mathbf{3}$
$2^2=\mathbf{4}$ $\quad 3^2=\mathbf{9}$ $\quad\sqrt{16}=\mathbf{4}$
$5-2=\mathbf{3}$ $\quad\sqrt{25}=\mathbf{5}$ $\quad 2{,}5+1{,}5=\mathbf{4}$
$\sqrt{36}=\mathbf{6}$ $\quad 1^2=\mathbf{1}$ $\quad\sqrt{4}=\mathbf{2}$

• Um vom Stern auf ein „Gewinn"-Feld zu gelangen, benötigt man eine 2 oder eine 6.

Es gibt 3 Felder, auf denen eine 2 oder 6 steht.
Insgesamt gibt es 12 Felder.

Die Wahrscheinlichkeit für einen Gewinn beträgt $\mathbf{\frac{3}{12}}$ *oder* $\mathbf{\frac{1}{4}}$ *oder* **0,25** *oder* **25 %**.

b) Finde zuerst heraus, welche Wertetabelle zu welchem Graphen passt, indem du einzelne Werte aus den Koordinatensystemen abliest und mit den Werten in der Wertetabelle vergleichst.
a passt zu keiner der ausgefüllten Tabellen, muss also zu 3 gehören. Trage die y-Werte gleich ein.
b passt zu Wertetabelle 2. c muss dann zu Wertetabelle 1 passen. Zeichne die gegebenen Punkte direkt in das Koordinatensystem c ein.

Nun kannst du die Funktionsgleichungen zuordnen. Setze dazu z. B. Punkte aus der Wertetabelle in die Funktionsgleichung ein und überprüfe, ob eine wahre Aussage entsteht. Oder lies Achsenabschnitt und Steigung aus den Graphen ab.
A gehört zu 1 und damit zu c.
B gehört zu a und damit zu 3.
C muss also zu 2 und b passen.

- 1 – A – c
  2 – C – b
  3 – B – a

- **1**

x	y
–3	–3
–2	–3
–1	–3
0	–3
1	–3
2	–3
3	–3

2

x	y
–3	–6
–2	–4
–1	–2
0	0
1	2
2	4
3	6

3

x	y
–3	**5**
–2	**4**
–1	**3**
0	**2**
1	**1**
2	**0**
3	**–1**

A $y = -3$

B $y = -x + 2$

C $y = \mathbf{2x}$

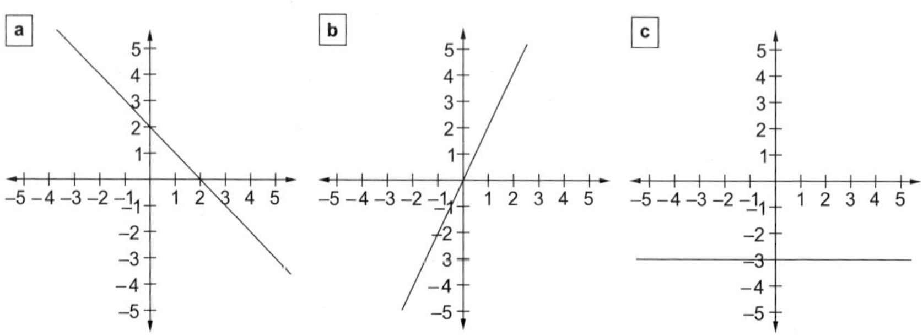

4. a) • Um die Anzahl der Tage zu berechnen, musst du die Gesamtanzahl durch 484 teilen.

$38\,236 : 484 = 79$

Das Video wurde vor **79 Tagen** hochgeladen.

• Berechne, wie lange es dauern würde, wenn das 24-minütige Video 38 236-mal hintereinander abläuft. Multipliziere dazu die Anzahl 38 236 mit 24 Minuten.

$38\,236 \cdot 24\text{ min} = 917\,664\text{ min}$

Berechne nun, wie viele Minuten 2 Jahre haben.
1 Tag hat 24 Stunden, 1 Stunde hat 60 Minuten.

1 Tag hat $24 \cdot 60\text{ min} = 1\,440\text{ min}$.
1 Jahr hat $360 \cdot 1\,440\text{ min} = 518\,400\text{ min}$.
2 Jahre haben $2 \cdot 518\,400\text{ min} = 1\,036\,800\text{ min}$.

917 664 min sind weniger als 1 036 800 min. Deshalb hat Nico **nicht recht**.

Wenn du mit 365 Tagen pro Jahr gerechnet hast, kommt als Ergebnis 1 051 200 min heraus. Auch dann hat Nico nicht recht.

b) • Die Fläche des Geheges setzt sich aus einem Rechteck, einem Dreieck und einem Viertelkreis zusammen.

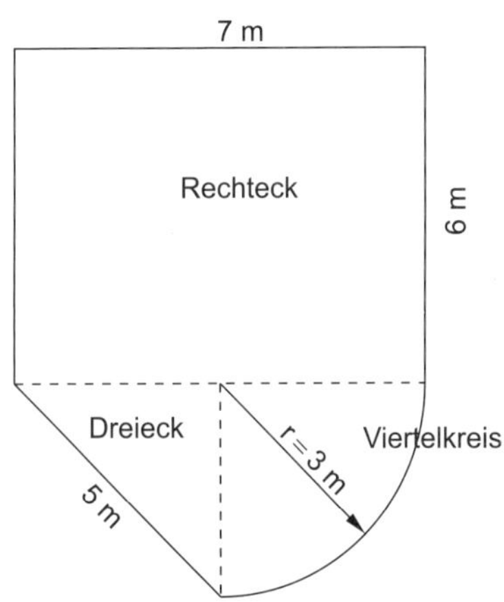

$A_{\text{Rechteck}} = a \cdot b$
$A_{\text{Rechteck}} = 7\text{ m} \cdot 6\text{ m}$
$A_{\text{Rechteck}} = 42\text{ m}^2$

$$A_{\text{Viertelkreis}} = \frac{\pi \cdot r^2}{4}$$

$$A_{\text{Viertelkreis}} = \frac{\pi \cdot (3\text{ m})^2}{4}$$

$$A_{\text{Viertelkreis}} \approx 7{,}07\text{ m}^2$$

Das Dreieck ist rechtwinklig.
Die Seite b kann als Grundseite genommen werden, dann ist a gleichzeitig die Höhe der Seite b.
Seite a ist gleich lang wie der Radius.

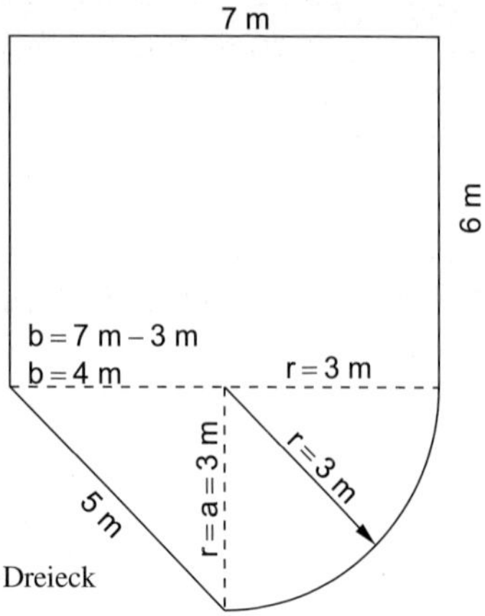

$$A_{Dreieck} = \frac{g \cdot h_g}{2}$$

$$A_{Dreieck} = \frac{4\ m \cdot 3\ m}{2}$$

$$A_{Dreieck} = 6\ m^2$$

$$A_{gesamt} = A_{Rechteck} + A_{Viertelkreis} + A_{Dreieck}$$
$$A_{gesamt} = 42\ m^2 + 7{,}07\ m^2 + 6\ m$$
$$A_{gesamt} = 55{,}07\ m^2 \approx 55\ m^2$$

Der Flächeninhalt des Geheges beträgt etwa **55 m²**.

- Um den Umfang des Geheges zu berechnen, benötigst du den „Umfang" des Viertelkreises (nur den Kreisbogen). Den Rest kannst du aus der Zeichnung entnehmen.

$$u_{Viertelkreis} = \frac{2 \cdot \pi \cdot r}{4}$$

$$u_{Viertelkreis} = \frac{2 \cdot \pi \cdot 3\ m}{4}$$

$$u_{Viertelkreis} \approx 4{,}71\ m$$

$$u_{gesamt} = 6\ m + 7\ m + 6\ m + 5\ m + 4{,}71\ m$$
$$u_{gesamt} = 28{,}7\ m$$

Es werden **28,7 m** Zaun benötigt.

Hauptschulabschlussprüfung in Baden-Württemberg
Mathematik 2023

Sobald die Original-Prüfungsaufgaben 2023 freigegeben sind, können die dazugehörigen Lösungen als PDF auf der Plattform **MyStark** heruntergeladen werden (Zugangscode vgl. Umschlaginnenseite).

Aktuelle Prüfung

www.stark-verlag.de/mystark